Drago Glamuzina

Der zweite Hauptsatz der Thermodynamik

Roman

Aus dem Kroatischen von Klaus Detlef Olof

TransferBibliothek
FolioVerlag

*Starke Hingabe geht oft einher
mit schamlosem Betrug.*

I. B. Singer

Drago Glamuzina
Der zweite Hauptsatz der Thermodynamik

I.

Ich schließe die Tür auf und trete ein. Ein Blick nach links, dann nach rechts. Alles vertraut und nah. Noch immer. Im Flur sehe ich mich unentschlossen um, dann gehe ich zum Wohnzimmer. Die Steppdecke liegt auf der Couch. Auf dem Beistelltisch der Aschenbecher voller Kippen, zwei Dutzend, vielleicht auch mehr. In der Küche, auf dem Boden, reihenweise leere Weinflaschen. Im Müllsack noch mehr Kippen. Hier war gestern Abend eine Party, denke ich. Ich öffne den Kühlschrank und mache ihn gleich wieder zu. Er ist fast leer. Wie üblich, sie hat nie viel aufs Essen gegeben. Und wenn es was gegeben hat, irgendwelchen Aufschnitt – das kaufte sie schon mal –, haben sie es gestern Abend aufgegessen. Die Küche liegt etwas erhöht, um eine Stufe, und von ihr aus lasse ich meinen Blick noch einmal über das ganze Wohnzimmer wandern. Ich sehe, dass auf dem Regal nicht mehr unser Foto steht, auf dem wir mit aneinandergeschmiegten Wangen allen den Mittelfinger zeigen, die es gestört hat, dass wir zusammen sind. Sie hatte es für einen meiner Geburtstage gemacht und gerahmt. Wenn ich einmal wegging, und ich bin oft weggegangen, hat sie es mir in die Tasche gesteckt und auf die Rückseite des Rahmens geschrieben, dass ich nichts jemals verstehen werde. Wenn ich zurückkehrte, haben wir es wieder aufs Regal gestellt. Auch das letzte Mal, als ich kam, um mir einige Bücher zu holen, stand es dort. Wer weiß, wo sie es jetzt versteckt hat.

Ich ziehe die Schublade auf, in der meine Papiere sind. Dort ist es nicht. Vielleicht hat sie es weggeworfen.

Ich stehe mitten im Raum und sehe mich nach der Fernbedienung um. Ich hebe die Decke an und schiebe die auf der Couch verteilten kleinen Kissen zur Seite. Als ich sie finde, schalte ich den Fernseher ein und lasse mich auf die Couch fallen. Ich zappe durch die Kanäle. Alle fünfzig, und wieder von vorn. Ich halte für einen Moment bei einem Leoparden inne, der ein Krokodil angreift, dann zappe ich weiter, zu einer neuen Runde. Schließlich bleibe ich bei einem Dokumentarfilm über den Zweiten Weltkrieg hängen. Nach gut zehn Minuten komme ich auf die Idee, dass ich mir einen Kaffee machen und eine Zigarette anstecken könnte, aber dann blicke ich auf die Uhr und verzichte.

Stattdessen gehe ich ins Schlafzimmer. Über einen Sessel geworfen die Sachen, die sie die letzten Tage getragen hat, und ganz oben auf dem Haufen liegen meine Boxershorts. Sie hat es immer geliebt, in meinen Unterhosen zu schlafen. Und wie oft haben wir über diese großen Unterhosen gelacht, wenn sie ihr um die Beine geschlabbert sind. Wenn ich wegging, habe ich immer ein paar im Schmutzwäschekorb zurückgelassen. Unser Foto hat sie versteckt, aber sie schläft noch immer in meinen Boxershorts, denke ich, und mein Mund verzieht sich zu etwas, das einem Lächeln gleicht.

Ich werfe mich aufs Bett und schließe die Augen. Dann rolle ich mich an den Rand, beuge mich vor und öffne die Nachttischschublade. Da liegt noch immer die Tube Durex-Gel, das wir manchmal zum Befeuchten benutzt haben. Die Menge scheint dieselbe geblieben zu sein und niemand sie angerührt zu haben, seit ich weg bin. Auf dem Nachttisch liegen mehrere Bücher. Ich nehme das oberste und blättere darin. Chimamanda Ngozi Adichie, *Die Hälfte der Sonne*. Sie ist noch nicht durch damit, gut dreißig Seiten hat sie noch. Olanna erinnert mich an sie. Das habe ich ihr einmal gesagt, und als sie lachte, habe ich gesagt, dass ein Charakter wie Olannas Schwester unsere Situation besser ertragen würde. Darauf hat sie nichts erwidert, schon damals sind wir jedem Gespräch ausgewichen, denn jedes, aber auch wirklich jedes, führte zu Streit. Es stand zu viel zwischen uns, und uns ging es nur gut, solange wir nicht über das sprachen, was Sache war.

Jetzt sehe ich auf das Loch in der Schranktür, das von dem Handy stammt, das ich nach ihr geworfen habe. Aus dem Bett, während sie sich anzog. Das Blackberry hat einen scharfen metallenen Rand und flog hinein wie eine Klinge. Das war, als wir uns noch sehr liebten, bevor wir zu reden aufhörten. Obwohl sie eine zwangsgestörte Person ist, die jede Unregelmäßigkeit in den Wahnsinn treibt, hat sie nicht einmal erwähnt, dass diese Tür ausgewechselt gehört. Vermutlich dachte sie, dass ich das auch ohne ihre Suggestion reparieren müsse. Sodass uns dieses Loch die ganze Zeit begleitet hat. Und noch immer da ist. Ich stehe auf, gehe zum Schrank und stecke den Finger in das Loch. Ich spiele mit dem Gedanken, einen Handwerker zu rufen, um die Spanplatte austauschen zu lassen, ich stelle mir für einen Moment ihr überraschtes Gesicht vor, aber die ganze Zeit weiß ich, dass es nur ein Gedanke ist, dass ich es nicht tun werde. Zuoberst im Schrank, auf einem Häufchen Wäsche, finde ich noch ein paar männliche Boxershorts. Aber die gehören nicht mir. Bebildert sind sie mit roten Teufelchen, die in allen Posen vögeln. Vielleicht haben Freunde ihr die zum Geburtstag geschenkt, so wie sie ihr einmal einen großen schwarzen Vibrator geschenkt haben. Das wäre ein hübsches Geschenk, eines von denen, über das alle lachen, wenn es ausgepackt wird. Aber sie sehen nicht neu aus. Offenbar sind sie getragen. Offenbar hat sie in ihnen auch geschlafen. Einen Moment denke ich daran, sie mitzunehmen und in den Müll zu werfen. Aber auch das tue ich nicht.

Ich wühle im Schrank und suche ein paar von meinen Sommer-T-Shirts, eine Badehose, Sommerhemden heraus. Das ist alles, was übrig geblieben ist. Und der Anzug. Ihn trage ich so selten, dass ich denke, ich könnte ihn auch dieses Mal hierlassen, damit er in ihrem Schrank hängt. – Hier hat er es gut – murmle ich, und dann frage ich mich, was mir denn da eingefallen ist. Das muss alles ausgeräumt werden. Auch die Papiere im Wohnzimmer, erinnere ich mich, auch sie muss ich mitnehmen. Ich nehme den schwarzen Müllsack aus der Tasche und stecke die T-Shirts und den Anzug hinein. Dann sehe ich auch ihre Sachen durch, die Kleider auf den Bügeln, ich erkenne das eine, in dem sie zu einer Hochzeit gegangen ist und ich sie fotografiert habe, während sie sich fertig machte. Ich habe Dutzende Fotos gemacht, die jetzt in verschiedenen Ecken und Winkeln meines Computers versteckt sind. Auch andere erkenne ich wieder, natürlich, aber dann schüttle ich den Kopf und werfe schnell die Tür zu. Das brauche ich jetzt nicht. Ich bin wegen anderer Dinge gekommen.

Wieder bin ich im Wohnzimmer, ich suche in „meiner" Schublade und nehme die Hefter heraus, in denen sich meine Dokumente und verschiedene Papiere befinden. Ab und zu werfe ich einen Blick auf das, was ich da geschrieben habe, dann knülle ich es zusammen und werfe es in den Müll, nur ein paar von ihnen lege ich in den leeren Hefter. Als ich damit fertig bin, stehe ich auf und will zum Ausgang.

An der Tür, als ich schon die Klinke in der Hand habe, halte ich inne, ich stehe nur so da, ich kann nicht sagen, dass mir in diesem Augenblick etwas Bestimmtes durch den Kopf ginge, aber dann drehe ich mich um und gehe den Flur hinunter zum Badezimmer. Dort bleibe ich vor dem großen Spiegel stehen, der die ganze Wand bedeckt. Dann ziehe ich mich langsam aus, setze mich in die leere kalte Wanne und lasse Wasser einlaufen. Während die Wanne vollläuft, starre ich in den Spiegel. Völlig erledigt, denke ich, und dann gleite ich in das heiße Wasser. Das langsam bis zu meinem Hals ansteigt.

Es tut weh, so heiß, wie es ist, aber sowohl Hitze als auch Schmerz sagen mir zu. Doch dann halte ich es nicht mehr aus und muss kaltes zufließen lassen. Ich strecke mich aus, lege den Kopf auf den warmen Kunststoff und schließe die Augen. Nach ein paar Minuten bin ich fast eingeschlafen, aber ich zucke zusammen und richte mich auf. Ich lasse meinen Blick durchs Badezimmer schweifen. An einem an die Tür geklebten Haken hängt das Holzkettchen, das wir in Istanbul gekauft haben, aber hier sind auch Sachen, die sie von anderen bekommen hat: Sie sammelt Andenken, sie denkt, dass ihr Leben umso reicher ist, je mehr Andenken sie hat. Einige von diesen Souvenirs sind also hier im Badezimmer gelandet. Auf dem Regal liegt eine Schachtel mit Schmuck, mit Armbändern und Ohrringen. Obendrauf das geflochtene Armband, das ihr eine Freundin geschenkt hat, die mir so auf die Nerven gegangen ist. Hier sind auch die gelben Quietschenten, eine große und drei kleine, ebenfalls das Geschenk von Freunden, und ich lasse sie ins Wasser. Sie dümpeln zwischen meinen Knien. Über dem Heizkörper hängt das große blaue Handtuch, das ich, als wir einmal ohne Handtuch ans Meer gefahren waren, in einem Strandkiosk gekauft habe. Lange waren noch Harzspuren an ihm. Auf ihm haben wir auch auf einem Campingplatz auf Cres geschlafen, während Hirsche um das Zelt herumspaziert sind. Sie hatte Geräusche gehört und war hinausgegangen, um nachzusehen, was los ist. Kurz darauf kam sie mich holen. Jemand geht da durchs Dickicht, sagte sie und zog mich hinaus. Wir gingen in Richtung Geräusch, durch die Lorbeerbüsche hindurch, ein wenig erschrocken, denn in unserer Nähe gab es keine anderen Zelte, und dann sahen wir auf einer kleinen Lichtung zwei Hirsche. Jung, mit gerade gesprossenem Geweih. Wir standen da wie angewurzelt und sahen hinüber zu ihnen. Und sie zu uns. Nur unser Atmen war zu hören, und die Wellen, die ans Ufer plätscherten. Da kam der größere auf sie zu, und sie ging auf ihn zu, um dann stehen zu bleiben, gespannt und bereit, schon im nächsten Augenblick in die Reste unserer Leben zu flüchten.

In diesem Moment ertönt die Glocke, und ich schrecke auf. Was soll ich ihr sagen, wenn sie mich in der Wanne findet? Aber dann denke ich, dass sie nicht klingeln würde, sie würde aufschließen und hereinkommen. Nach einiger Zeit klingelt es wieder. Der ist aber hartnäckig, denke ich nervös, bleibe aber in der Wanne liegen. Am Boden neben der Wanne liegt meine Hose. Ich beuge mich vor und nehme das Handy aus der Tasche. Halb vier. Auch wenn sie das jetzt nicht ist, bald könnte sie es sein. Und bei Feri warten sie auch schon auf mich.

Ich steige aus der Wanne und trete auf die Fliesen. Ich nehme das blaue Handtuch und trockne mich ab. An ihm sind keine Harzspuren, aber Spuren von Mascara. Nach dem Abtrocknen lasse ich es auf den Boden fallen, bücke mich und nehme den Elektrorasierer unter dem Waschbecken. Ich setze den Drei-Millimeter-Aufsatz auf, rasiere mich, spüle die Wanne aus, wische mit einem Tuch den Boden auf, trage das Handtuch in die Abstellkammer und werfe es in den Schmutzwäschekorb. Dann ziehe ich mich an, gehe noch einmal ins Schlafzimmer und steige auf die digitale Waage. 95,7 Kilo. Ich ziehe das Bett glatt, lasse das Rollo hoch, um mehr Licht ins Zimmer zu lassen, und gehe rasch zur Tür. Den Wohnungsschlüssel lasse ich auf dem Tischchen im Flur. Schon seit Monaten fühle ich ihn in der Tasche, wenn ich durch die Stadt gehe. Dann nehme ich den schwarzen Sack und gehe hinaus, die Tür fällt ins Schloss, als ich sie zuziehe.

II.

Jonathan Franzen saß auf der Terrasse und sah auf den Garten hinaus, er sah der weißen gepflegten Katze zu, die vorsichtig über den Beckenrand spazierte. Der Pool war trockengelegt und mit einer blauen Kunststoffplane abgedeckt, aber unlängst war Schnee gefallen, den wir, damit er auf der Terrasse nicht stört, mit der Schaufel in den Pool befördert hatten, bis er fast bis oben hin gefüllt war und wir hineinspringen konnten. Inzwischen war der Schnee geschmolzen, unter der blauen Plane gab es mehr als einen halben Meter Wasser und auf ihr hüpften die Vögel umher.

– Sieh mal, eine Blaumerle – sagte Franzen zu mir, der ein paar Stunden zuvor aus Albanien zurückgekommen war, wo er Vögel beobachtet hatte, worüber er jetzt eine Reportage für *National Geographic* schreiben wollte. – Ich dachte, hier gibt es keine Blaumerlen mehr – setzte er leise hinzu. – Weil sie vor dem Krieg geflüchtet sind.

– Ich weiß nichts über sie – antwortete ich noch leiser, weil er den Finger auf den Mund gelegt hatte.

Die Katze hatte sich der Kante des Pools genähert und schickte sich offenbar an, auf die Vögel loszuspringen. Ich wollte aufstehen, aber Franzen packte mich am Arm und deutete mir noch einmal, dass ich leise sein und die Szene nicht stören solle. Ich versuchte ihm mit Gesten zu erklären, dass sich unter der Abdeckung Wasser befinde und die Katze ertrinken werde, sollte sie springen. Er sah nicht zu mir. Er war völlig konzentriert auf Katze und Vögel. Die Katze brachte sich am Rand in Stellung, um der Beute, auf die sie sich stürzen wollte, möglichst nahe zu sein.

– Jonathan, im Pool ist Wasser – sagte ich dann doch, und er sah mich überrascht an. – Unter der Plane, er ist nicht völlig leer.

Da sprang Franzen auf und zischte: – Schsch! Schsch! – wobei er mehrere Male kräftig in die Hände klatschte. Die Katze drehte sich zu uns um und maß uns aufmerksam. Dann sah sie wieder zu den Vögeln, und ich traf sie mit einem Stück Brot, das ich in der Hand zu einem schönen Ball geknetet hatte. Als sie weg war, atmeten wir auf und ließen uns wieder in die Sessel fallen.

– Du hattest keine Sorge, dass die Katze die Vögel fressen könnte, aber du bist in Panik geraten, als du begriffen hast, dass sie ertrinken könnte. Ich dachte, du wärest aufseiten der Vögel – sagte ich nach kurzem Schweigen.

– Katzen fressen Vögel, das ist die natürliche Ordnung der Dinge, und wir brauchen uns nicht einzumischen, wenn das natürliche Gleichgewicht nicht gestört ist. Aber es ist nicht in Ordnung, dass die Katze im Pool ertrinkt. Und zwar deshalb, weil wir ihn abgedeckt und das Wasser verborgen haben.

– Der Jäger muss sich den Bedingungen der Jagd anpassen. Auch in der Natur kann sie in ein Loch fallen. Sie muss etwas riskieren, um sich zu ernähren. Es wäre völlig in Ordnung, dass sie ertrunken wäre, wenn es auch in Ordnung ist, dass sie den Vogel frisst – gab ich zur Antwort.

– Aber diese Katze ist ja gar kein Jäger, du siehst, wie dick und gepflegt sie ist. Ich habe ein Haustier beobachtet, das von seinen Trieben beherrscht wird, wie es um die Beute herumschleicht, aber ich war überzeugt, dass es den Vogel nicht fängt. Er wäre weggeflattert. Du kennst die Blaumerlen nicht.

In dem Moment gesellt sich auf der Terrasse ein Mädchen zu uns, das an Feris Schreibwerkstatt teilgenommen hat und als Autorin der besten Erzählung ausgezeichnet wurde. Der Verleger, der Franzens Aufenthalt organisiert hat und Schirmherr der Werkstatt war, hat ihr die Begegnung mit dem Schriftsteller auf Feris Terrasse ermöglicht. Zusammen mit ihr waren mehrere Journalisten und Fotografen gekommen, die die Begegnung des großen Schriftstellers mit der angehenden Schriftstellerin dokumentieren sollten, und nachdem sie gegangen waren, waren wir auf der Terrasse sitzen geblieben. Um die unangenehme Stille zu brechen, beschrieb ich die Szene, der wir kurz zuvor beigewohnt hatten, worauf das Mädchen erzählte, wie sie vor ein paar Wochen um den zugefrorenen See im Bundek gewandert sei und die Schwäne beobachtet habe, wie sie mit dem Eis kämpfen. Und wie diese Szene sie schrecklich aufgeregt habe, diese Schwäne auf dem vom Eis gepackten See. Dieses Eis, das auf die Schwäne zudriftete.

– Es war so gespenstisch, dass ich schon hingehen und ihnen eine herunterhauen wollte – sagte sie. – Den Schwänen.

Wir schwiegen, und sie fuhr fort:

– Das war der Tag, als Angelina in Sarajevo gelandet war. Und das hatte mich auch aufgeregt. Vielleicht noch mehr als die Schwäne. Auch sonst mag ich sie nicht, aber dieser Besuch, alles, was sie tut, diese Kinder, die sie gerettet hat, alles, was darüber in den Zeitungen geschrieben wurde, alles das hat mich schrecklich aufgeregt. Ich bin fast in Tränen ausgebrochen, aber dann habe ich mich deswegen über mich selbst geärgert.

Franzen sagte, Angelina sei okay, aber das E-Book nicht. Und dass er hoffe, dass es sich nie durchsetzt. In dem Moment kam Feri aus der Küche und rief: – Tod dem E-Book! Alle hoben die Gläser, tranken auf den einen Tod und versanken wieder in Schweigen. Und Feri verzog sich wieder in die Küche.
– Redet ihr nur, ich muss das Abendessen fertig machen – sagte er.

Jetzt erinnerte auch ich mich an eine beunruhigende Szene auf einem zugefrorenen See, über die ich seinerzeit ein Gedicht geschrieben hatte, und erzählte sie. Es war nicht im Bundek gewesen, sondern im Jarun. Ein Hund war mit großen Sprüngen über das Eis gelaufen, er hatte seinen Spaß daran, er rutschte, er jagte den Vögeln nach, und dann brach das Eis und der Hund lag im Wasser. Er versuchte herauszukommen, aber kaum hatte er die Vordertatzen auf dem Eis, brach das Stück ab. Er versuchte es wieder und brach wieder ein. Am Ufer hatten sich schon Leute versammelt, aber niemand konnte helfen. Alle hatten Angst, das Eis zu betreten. Sie standen nur da und sahen zu, ob er es schaffen würde, ermutigten ihn und riefen: – Komm, spring heraus, du kannst das. Komm, noch ein bisschen.

Ich hatte die Kinder dabei und wollte nicht, dass sie sehen, wie der Hund um sein Leben kämpft, und habe sie von der Szene weggebracht zum kleinen Café und einer heißen Schokolade. Dort sprachen wir über verschiedene Dinge, über das Auto, das mein Bruder gerade gekauft hatte, wir taten so, als hätten wir nicht gesehen, was wir gesehen hatten, aber zum Schluss, als wir uns zum Gehen fertig machten, fragte ich meine Frau doch: – Was meinst du, ist er rausgekommen?

– Und? – fragte Franzen.

– Was?

– Ist er rausgekommen?

– Das haben wir nie erfahren. Aber das Gedicht war gut. Und auch wenn er gestorben ist, war sein Tod nicht umsonst.

Franzen sah mich scharf an, beschloss aber, seine Antwort für sich zu behalten, und mir war es zu blöd zu erklären, dass ich es nicht ernst gemeint hatte. Da kam zum Glück die Redakteurin, mit der er schon zehn Jahre lang korrespondiert, und entführte ihn in die Nacht. Noch bevor er Feris Hai probiert hatte. Und an sie hängte sich auch die junge Autorin an.

III.

Als es klingelte, war die Party schon in vollem Gang, niemand sprach mehr über Literatur oder kommentierte Feris neue Erzählung, die er erst nach hartnäckigem Zureden vorgelesen hatte, nachdem Andrej erzählt hatte, dass Bulgakow bei solchen Lesezirkeln den Freunden den ganzen *Meister und Margarita* vorgelesen habe. Und das mit der Behauptung unterstrichen hatte, dass in widrigen Zeiten zumindest die Schriftsteller nicht nach dem Argument greifen sollten, Lesen sei langweilig. Franzen und seine Freundin kehrten nicht zurück, obwohl sie es versprochen hatten, im Ofen wartete noch immer ihre Haifischportion auf sie, und die Gesellschaft, in der Hauptsache Schriftsteller und Herausgeber, die sich hier versammelt hatten, um mit dem amerikanischen Autor zusammen zu sein, war ziemlich aufgedreht und ungeduldig.

– Da ist er – sagte Franka, sprang auf und wollte zur Tür, aber herein kam nicht Franzen, sondern Sven, der gerade aus Ljubljana gekommen war. Er hatte mir am Nachmittag mitgeteilt, dass er im Zug sitze und komme, aber in diesem Chaos hatte ich ihn völlig vergessen. Obwohl ich mich über ihn gefreut hatte, denn wir hatten uns seit Monaten nicht gesehen. Er schoss grußlos an Franka vorüber, winkte den Leuten mit der Hand zu – lasst euch nicht stören, macht nur weiter –, warf seine alte Militärtasche mitten ins Zimmer, zog den

Reißverschluss auf und holte nach kurzem Kramen ein in Folie gewickeltes Päckchen heraus.

– Ihr werdet mir nicht glauben, wenn ich euch sage, was er mir angetan hat – fuhr Magdalena mit ihrer Geschichte fort, wobei sie ein wenig die Stimme hob, um erneut die Aufmerksamkeit der ganzen Gesellschaft zu bekommen. – Deswegen kann ich dieses Stück heute noch nicht hören, ohne dass mir der Magen wehtut – fügte sie hinzu, als sie sah, wie Sven auf dem Tisch eine Strecke Speed mit einer Plastikkarte ausrichtete. Er zerhackte die Häufchen und zog sie auseinander, teilte und mischte sie erneut, dann zog er sie wieder auseinander, mit der einen und der anderen Seite der Karte. Acht Strecken, eine etwas kürzer als die anderen.

– Für dich ist die kleinste, nur damit du etwas spürst – sagte er zu Magdalena, die, kaum hatte er das Speed herausgeholt, verlangt hatte, sie zu überspringen.

– Ich habe dir die Karte gegeben, das ist, was meine Mitwirkung angeht, alles.

– Gut, gut, ich musste es versuchen, macht nichts, das geben wir dann bei Andrej dazu, er ist groß, er braucht mehr – gab Sven lachend zur Antwort, aber schon im nächsten Augenblick mischte er wieder alle Strecken mit der Karte, und dieses Mal machte er sieben. Wir im Zimmer waren dreizehn, aber offenbar nahm er an, dass sieben genug seien.

– Und ... komm, lass hören, was hat er dir angetan? – fragte er und rollte einen Zwanzigkunaschein zu einem Röhrchen.

– Er hat mir dieses Gedicht per Mail geschickt, ich bin komplett in Stücke gefallen, als ich es gekriegt habe, und er ist am nächsten Tag zu seiner Frau zurückgekehrt – sagte Magdalena und rieb ihre Karte an dem Plastiktischtuch ab, auf das ein großes Frauenporträt von Lovro Artuković gedruckt war, mit einer Schmerzensmiene und einem Blick, dem man schwer auskam, vor allem, wenn man zum ersten Mal an diesem Tisch saß.

– Wirklich, du hast doch nicht etwa? – quietschte Franka zu Andrej gewandt auf.

– Er hat es nur zwei Tage in diesem Hotel ausgehalten – fügte Magdalena hinzu.

Ihr Mann schwieg, aber dann klinkte sich Sven ein, der sofort die Rolle des Maître de Plaisir übernahm, der dafür zu sorgen hat, dass die Stimmung immer im richtigen Modus ist, ließ Musik laufen, statt Cohen isländische Elektronik, schenkte Magdalena Alkohol ein und richtete auf dem Tisch ein ganzes Sortiment Aufputscher und Tranquilizer an. Er benahm sich zwischen uns wie ein Wiesel im Hühnerhof. Er war aus Ljubljana zwischen unbeleckte Greenhorns geraten, „gut versorgt", und gab sofort Vollgas.

– Ach komm, Meggi, deswegen kannst du das Lied nicht gleich abschreiben, *I'm Your Man* ist ein Klassiker, außerdem siehst du, dass er meint, was er gesagt hat, wie viele Jahre sind vergangen, und er hat nicht nur seine Frau verlassen, sondern ist auch immer noch mit dir zusammen.

– Er hat mir dieses Lied für immer vermiest – ließ sich Magdalena nicht beirren.

– Und du hast mir nichts vermiest?

– He, nicht so jetzt, wir wollen die Stimmung nicht verderben – sagte Sven rasch und rieb sich mit den Fingern die

Nasenflügel und klopfte mit der anderen Hand Andrej auf die Schulter. – Heute Abend werdet ihr euch nicht streiten, alles das hier ist für uns, und wir lassen es uns gut gehen – sagte er und stürzte sich sofort auf das Drehen eines Joints.

Bei Sven kommt nach dem Aufputscher sofort der Downer, damit man nicht zu hoch fliegt, oder etwas anderes, was dich wieder runterholt. Als er ihn gerollt, angesteckt und an Andrej weitergereicht hatte, setzte er sich die Sonnenbrille auf, wechselte zum Laptop, fand zwei Sachen auf Youtube und forderte alle auf, sich seinen Mix anzuhören. Schon im nächsten Moment zuckte er mitten im Zimmer unter der großen nackten Glühbirne rhythmisch mit dem Kopf.

IV.

Drei Stunden später mochte keiner schlafen gehen, obwohl die Lichter, außer den kleinen Bodenlampen, aus waren. Und auch nicht tanzen. Es wurde erzählt. Das Speed hatte uns geöffnet und entlockte uns Geschichten, die gewöhnlich nicht in großer Gesellschaft ausgebreitet werden. Aber es war wohl auch die gute Atmosphäre. Und Svens Musik, das gute Essen, der angenehme Raum. Alles passte zusammen. Noch immer warteten wir auf den amerikanischen Schriftsteller, der versprochen hatte, nach seinem Stadtbesuch auf die Party zurückzukehren, wir tranken, schnupften, diskutierten über die unglaubhafte Auflösung seines letzten Romans und über seine Verwunderung, als ich ihm gesagt hatte, wie sehr die kroatischen Schriftsteller von Carver beeinflusst seien, und widmeten uns dann wieder dem eigenen Leben.

– Das Schlimmste ist, dass wir nicht aus Schlechtem in Besseres gehen, sondern in noch Schlechteres – sagte Tanja, die gerade aus einer Ehe aus- und in eine neue Beziehung eingestiegen war, mit einem jüngeren Mann, von dem alle jahrelang geglaubt hatten, er wäre in den Literaturprofessor verliebt, dessen Assistent er war. Tanja war Journalistin, mit einem Diplom aus Philosophie, die keine Angst hatte, sich mit Regierung und Kapital anzulegen, und diese streitbare Haltung wurde auch sichtbar, wenn wir zwanglos plauderten. Am Tisch saßen noch Tomo, Tihana, Katarina und Andrej, die anderen hatten sich auf die große Eckcouch und in die Sessel geworfen, aber Tanja war laut genug, dass alle sie hörten. – An was denkst du? – fragte Sven, der in der Mitte der Couch saß, vor dem Laptop, auf dem er noch immer die Musik steuerte, jetzt nur leiser, und das Gespräch unaufhörlich ankurbelte.

Tanja ließ sich nicht beirren, sie kreiste mit dem Finger um einen Punkt auf dem Tisch, irgendwo im Haar der Frau auf der Tischdecke, so lange, bis sich alle zu ihr umgedreht hatten. – Ich habe eine Freundin, die immer die wilden Kerle geliebt hat, die ungezähmten Typen, so hat sie sie genannt. Oft waren es Musiker. Am liebsten stand sie mit ihnen auf der Bühne und tanzte, während unten die Menge hüpfte und mitsang, das Adrenalin sprudelte nur so. Aber einer war etwas zu intensiv – sagte sie in einem Atemzug und hielt dann inne, als würde sie überlegen, wie weiter. – Ich werde ihren Namen nicht sagen, denn manche von euch kennen sie vermutlich, auch seinen nicht, ihretwegen, obwohl der Hurensohn verdient hätte, dass alle wissen, was für ein Dreckskerl er ist. Angeblich hat er geniale Musik gemacht, und vielleicht ist ihr deshalb lange nicht aufgegangen, wie verrückt er ist. Er hatte sie völlig von uns isoliert. Auch von ihrer Familie! Ein kranker, eifersüchtiger Irrer!

Ein wenig waren wir von der Heftigkeit überrascht, mit der sie diese Geschichte angefangen hatte, als würde sie sich noch jetzt ärgern, wenn sie sich daran erinnert, doch dann fuhr sie in ruhigerem Ton fort: – Aber es war nicht nur Eifersucht, es war der Zwang zu vollständiger Kontrolle. Oft wusste sie gar nicht, weshalb er wütend war. Sie kriegte eine Ohrfeige sogar wegen dem Papst! Während wir im Hippodrom waren, bei der Messe, wartete er im Auto. Angeblich war sie zu lange geblieben. Könnt ihr euch das vorstellen?

– Ich werde nie Frauen verstehen, die zulassen, dass man auf ihnen herumtrampelt – warf aus der Küche Magdalena ein, wo sie mithilfe der mechanischen Hebelpresse Orangen in einen großen Krug ausquetschte. – Selbst wenn es Liebe ist, was es aber nicht ist – sagte sie und goss Wodka zu. Sie brachte das Getränk, stellte es auf den Tisch und ließ sich am Ende der Couch neben mich fallen. Ich spürte, wie sich ihr Schenkel an meinen schmiegte, aber das schrieb ich der Enge auf der Couch zu und schenkte der Berührung keine weitere Beachtung. Ich sah zu Tanja und wartete, dass sie fortfuhr, aber Mladen war schneller. – In der Liebe sind wir alle Anfänger, hat unser großer Schriftsteller gesagt, und ich stimme ihm zu. Wer weiß, weshalb wir etwas tun und warum wir uns auf etwas einlassen.

Niemand fragte, wer das gesagt habe. Entweder wussten es alle, oder es interessierte niemanden. Oder Tanja fuhr zu rasch fort: – Vor seinen Kumpels war er der coole Typ, der herunterspielen kann, was keiner von ihnen bringt, der es aber blöd findet, bei Konzerten aufzutreten. Ich habe schon damals gesagt, dass er Angst hat, aber sie verteidigte ihn, dass er darüberstehe. Und während er sich nonchalant lächelnd in der Gesellschaft bewegte, störte ihn immer etwas an dem, was sie sagte oder tat. Er tat so, als wäre alles in Ordnung, bis sie in seine Wohnung kamen, dann schloss er die Tür ab und ging auf sie los. Und fuhr sie danach zur Ambulanz, wenn er es mal wieder übertrieben hatte.

– Das Leben ist nicht leicht – hakte Mladen erneut ein, und als wir alle zu ihm sahen, um zu sehen, ob es ernst oder sarkastisch gemeint war, drehte er sich zu Iris um und legte nach – aber schön.

Mit Iris war er seit sechs Monaten zusammen, und wir hielten ihnen alle die Daumen, denn unser Freund war schon lange nicht mit jemandem zusammen gewesen, aber wann immer wir miteinander sprachen, behauptete er, dass es nichts Ernstes sei. Jetzt bat er sie, ihm die Knieschiene zu richten, die er sich beim gestrigen Basketball eingefangen hatte, und versuchte sich im Sessel bequemer zurechtzusetzen. – Ich habe ständig das Gefühl, dass sie locker ist, aber sie soll mir das Bein fixieren – sagte er, als Iris den Hocker unter seinen Fuß schob.

Dann kehrte er zum Thema zurück: – Alles zwischen uns ist zu kompliziert, um im Gleichgewicht zu sein. Ob er sie nun zu viel liebte oder zu wenig, oder überhaupt nicht, oder was sie in dieser Irrsinnsbeziehung für sich herausholte, sieht man nicht, die Fundamente sind im Trüben. Aber die Menschen fügen einander selbst dann Schaden zu, wenn sie sich wirklich lieben, auf unterschiedliche Weise.

– Das hier kannst du nicht relativieren!

– Ich relativiere nicht. Ich sage nur, dass das menschliche Verhalten ganz allgemein gesehen widersprüchlich ist. Es gibt zu viele unsichtbare und einander widerstrebende Motive, und dann kommt es zum Chaos.

– Das musst du uns erklären.

– Nehmt zum Beispiel mich, sosehr ich auch verliebt war, habe ich doch immer auch andere Frauen begehrt. Das schließt sich nicht aus, wenigstens nicht in meinem Fall. Und dann habe ich gelogen. Vor allem, um sie nicht zu verletzen. Das wollte ich vermeiden, und deshalb habe ich mich in die unglaublichsten Lügen verstrickt.

– Bestimmt nur deshalb! – hielt es Tanja nicht aus.

– Auch, weil ich sie nicht wegen etwas verlieren wollte, was nur ein Abenteuer war, etwas wie eine gute Partie Basketball. Tief in mir drin war ich ihnen ergeben. Aber wenn sie es am Ende erfuhren, und immer erfuhren sie es irgendwie, ist keine von ihnen deswegen gegangen. Auch die nicht, die gesagt hatten, dass sie nie verzeihen würden, betrogen zu werden. Warum sollen sie sich dann damit quälen? Besser, wenn sie es nicht wissen.

– An dieser Stelle müsste man zuerst den Begriff Ergebenheit definieren – mischte sich Andrej ein.

– Ergebenheit bedeutet nicht, sich an das zu halten, was der Priester von dir verlangt, wenn er euch traut. Ergebenheit ist viel tiefer als das. Du kannst einer Frau, die du liebst, ergeben sein und gleichzeitig eine andere lieben. Du kannst sogar einer Frau ergeben sein, die versucht, dich außer Gefecht zu setzen, dich buchstäblich fertigzumachen, weil du sie verlassen hast.

– Ich verstehe überhaupt nichts. Außer dass das eine hervorragende Methode ist, dein Verhalten zu rechtfertigen – sagte Tanja.

– Nein, ich habe nur den Mut, die Dinge zu Ende zu denken und auch danach zu leben. Aber die meisten Menschen, und auch die meisten von euch hier, selbst wenn sie angeblich außerhalb der Normen denken, leben innerhalb dieser Normen.

– Reine Rechtfertigungen, nichts sonst.

– Ich rechtfertige überhaupt nichts, ich versuche nur logisch zu denken. Einer Eifersüchtigen wollte ich mich entledigen, nicht weil sie eifersüchtig war, sondern weil ich sie nicht mehr liebte, und so ließ ich sie absichtlich Nachrichten auf meinem Handy finden, aber Fehlanzeige, sie wollte nicht gehen. Selbst dann nicht, als ich ihr sagte, dass ich sie nicht mehr liebe. Auch dann noch wollte sie, dass ich mit ihr zusammen bin. Noch heute ist mir nicht klar, wie du von jemandem verlangen kannst, dass er mit dir zusammen ist, wenn er das nicht möchte. Was hast du davon? Vielleicht tut es weh, aber scheiß drauf, niemand ist schuld, dass er aufgehört hat, jemanden zu lieben, oder sich in jemand anderen verliebt hat. Das ist keine Sache des Entschlusses, es passiert auch, wenn du nicht möchtest, dass es passiert … Aber ich habe genug von diesem Scheiß und der Sorge für Menschen, die ihr Leben nicht in den Griff kriegen. Deshalb habe ich beschlossen, nie mehr zu lügen. Ich werde alles sagen, was ich getan habe, und wenn das bedeutet, dass ich bis an mein Lebensende allein sein werde, okay, dann werde ich es eben sein.

Nachdem er das gesagt hatte und dabei am Ende immer lauter geworden war, setzte er sein Glas hastig auf die breite Sessellehne, sodass er sein Getränk verschüttete, und versuchte dem Rinnsal auszuweichen.

– Du hast ein bisschen was getrunken, mein Lieber – mischte sich Iris ein. – Jetzt mal ein bisschen langsamer … und hab keine Angst, du wirst nie allein sein – setzte sie hinzu und beugte sich über den Hocker, um die Sessellehne mit einem Papiertaschentuch abzuwischen. Dann dreht sie sich zu ihm um, um ihn zu küssen. Er stemmte sich mühsam aus dem Sessel, um ihre Lippen zu erreichen, ließ sich wieder zurückfallen und fuhr fort: – Und warum soll ich nicht trinken, wir sind doch hier, um Spaß zu haben, oder? Wir haben alle ein bisschen was getrunken.

– Aber noch bei keinem hat sich die Zunge verheddert, außer bei dir.

– Deshalb wird er sich jetzt eine Linie reinziehen, um sie zu korrigieren – fiel Sven fröhlich ein. – Das ist das Geniale, wenn du auf Speed bist, kannst du trinken, so viel du willst, und wirst nicht betrunken. Und das Gehirn arbeitet mit Tempo hundert. Und du und Tomo, ihr seid doch Sportler, mein Gott noch mal.

– Nein, ich bin okay, keine Sorge. Ich geh mich mal ein bisschen waschen und bin dann total in Ordnung – sagte Mladen, während er sich aus dem Sessel stemmte, um mithilfe seiner Krücke in Richtung Bad zu humpeln.

– Diese Geschichten über Sex wie Basketball sind lächerlich – rief Tanja hinter ihm her. Und dann meldete sich auch Tomo zu Wort. – Die ersten paar Tage dürfte er das Bein überhaupt noch nicht belasten.

Mladen war schon in Richtung WC entschwunden, aber nach wenigen Augenblicken erschien hinter der Ecke, in der Luft, die Krücke, mit der er mehrere Male links-rechts wedelte. Entweder war das eine Art Antwort an Tanja, oder er wollte uns nur zum Lachen bringen, oder er teilte Tomo mit, dass er seine eigene *Roadmap* auf dem Weg zur Genesung habe, aber unser Freund war schon auf etwas anderes konzentriert.

– Mein Problem ist anderer Natur – sagte er. Wenn du jemanden nicht mehr liebst, kann das schwer sein, aber es ist klar, was du zu tun hast. Doch was, wenn du beschließt, Schluss zu machen, aber nicht alles ist tot? Und meistens ist es genau so. Etwas hat dich gestört, oder jemand Neues ist aufgetaucht, doch das, was du geliebt hast, ist nicht verschwunden. Und je mehr du dich von dieser Person entfernst, desto größer wird das, was nicht verschwunden ist. Und dir immer mehr fehlt.

Tomo hatte sich auf Rehabilitation spezialisiert und war ein Spitzentherapeut, aber hinter seinem Rücken nannten ihn alle den – Erfinder. Er hatte einen Apparat konstruiert, der die Rehabilitation des Knies unterstützte. Er hatte mehrere Angebote aus dem Ausland, um das Patent zu verkaufen, aber er wollte nicht, sondern war hartnäckig auf der Suche nach einem strategischen Partner, mit dem er die Produktion starten und reich werden würde. Das Problem war, dass diese Suche schon gut zehn Jahre dauerte. Ich sah ihn gewöhnlich nur bei Feri, wenn wir uns zu einer Geselligkeit trafen, und unser Gespräch begann immer mit derselben Frage. Da er das letzte Mal unmittelbar vor der Vertragsunterzeichnung gestanden hatte, fragte ich ihn, ob er das Geschäft abgeschlossen habe, und er erklärte mir, welches Hindernis sich im letzten Augenblick vor sein Lebensprojekt geschoben habe. Aber sein Glaube war unerschütterlich. Noch immer war er sich sicher, nur einen Schritt vor dem Erfolg zu stehen. Für mich war er in geschäftlichen Dingen ein Don Quijote, und manchmal fragte ich mich, ob dieser unglückliche Charakterzug zu seinem Charme und zu seinem Erfolg bei Frauen beitrug. Oder ob seine Hartnäckigkeit den Ausschlag gab.

– Ich will sagen – fuhr er fort – immer, wenn wir jemanden verlassen, töten wir auch etwas, was wir lieben. Und so gründlich wir auch gewesen sein mögen, vieles bleibt von dem zurück, um uns zu quälen. Auch manche dem Anschein nach unwichtige Dinge. Ich zum Beispiel habe nie Hunde gemocht. So wurde ich erzogen, als Reinlichkeitsfanatiker, in der Angst vor Ansteckung. Bei uns zu Hause wusch man sich ständig die Hände, und wenn jemand zu Besuch kam, von dem es hieß, er sei lungenkrank, wurde die ganze Wohnung desinfiziert. Wegen der Tuberkulose. Hunde waren ebenfalls eine potenzielle Quelle von Bakterien, vor denen man sich auf jede erdenkliche Weise in Acht zu nehmen hatte. So ist mein ganzes Leben verlaufen, und dann habe ich Vera kennengelernt und ihren Westie Otto. Ich sah sie und lernte, was Liebe ist. Wahre Freude, Anhänglichkeit und Loyalität, das war in jedem Augenblick zu sehen. Es gab keinen Verrat, von keiner Seite. Sein Tod zerstörte sie komplett, und ich erinnere mich, wie sie ihn am letzten Tag auf den Armen in den dritten Stock zu meiner Wohnung hinauftrug. Denn sie wollte mich sehen, aber ihn nicht allein lassen. Unter Qualen keuchte er auf dem Vorleger auf dem Balkon und sah uns durch die Glasscheibe zu, wie wir uns drinnen umarmten und alle Augenblicke zu ihm hinsahen. Dieser Westie war ein richtiger kleiner Löwe, seine Augen ein paar Stunden vor seinem Tod werde ich nie vergessen. Aber ich wollte etwas anderes sagen, jetzt bin ich ein Mensch, der Hunde mag, und wann immer ich auf der Straße einen Westie sehe, erinnere ich mich an Vera. Auch heute noch, und das war, bevor ich irgendeinen von euch kennengelernt habe.

– Auf Vera! – rief Sven und hob das Glas.

– Um sie verlassen zu können, musste ich in mir eine ganze Welt abtöten, die wir geschaffen hatten. Und was das

Schlimmste ist, es ist nicht nur von Vera die Rede, ich bin voller Löcher! – antwortete Tomo, wobei er sein Glas Richtung Sven erhob und ein Anstoßen andeutete.

Tanja reckte sich über den ganzen Tisch und stieß wirklich mit ihm an.

– Ja, ich verstehe, aber sobald du jemanden verlassen willst, ist es, als hättest du ihn bereits verlassen, sagt Isaac Bashevis Singer. Ich habe viel über diesen Satz nachgedacht. Mich hat mein Ex einmal nach Skopje mitgenommen, wo wir Neujahr feiern wollten. Ich war noch nie dort gewesen, aber ich hatte oft gesagt, wie gern ich diese Stadt einmal sehen würde, und da hat er alles organisiert und mich damit überrascht. Und dabei war ich bereits am Überlegen, wie ich ihm sagen soll, dass ich ihn verlasse. Das waren einige der schrecklichsten Tage in meinem Leben. Und er tat alles, was er konnte, um mich zu unterhalten und zu motivieren, er führte mich auf die Čaršija und in mazedonische Restaurants, aber je mehr er sich bemühte, desto schlechter fühlte ich mich. Vor allem wenn er mich fragte: „Wie geht es dir, Liebste? Genießt du es?" Oder wenn er feststellte, dass es uns echt gut gehe. Einmal sagte er sogar, dass es für ihn im Leben nie schöner gewesen sei. Am Ende konnte ich vor Angst nicht mehr atmen und musste Xanax nehmen, heimlich, damit er es nicht sieht, um diese paar Tage auszuhalten. Aber ich habe ihn nicht verlassen, auch nicht, als wir zurück waren, denn es fiel mir schwer, ihn zu verletzen, und dieses Verlassen dauerte mehrere Jahre, im Verlauf derer ich ständig Zweifel hatte, was ich tun soll. Ich habe ihn und mich zerfleischt, und genau genommen hatte ich ihn in meinem Kopf schon vor diesem Skopje verlassen. Ich denke, so sind wir, unsicher. Aber es wäre besser, wir würden die Taue kappen und gehen. Wir würden uns weniger quälen.

Als Tanja schwieg, drehte Sven die Musik wieder etwas lauter, aber Magdalena gab ihm ein Zeichen mit der Hand, er solle leiser drehen:

– Okay, du bist nicht gegangen, weil du dir nicht sicher warst, aber mich interessiert, warum deine Freundin nicht gegangen ist. Nach dem ersten Schlag. Und lasst sie diese Geschichte jetzt zu Ende erzählen, unterbrecht sie nicht ständig.

– Einverstanden, Tanja erzählt, es gibt keine Unterbrechung, wer Fragen oder Kommentare hat, soll sie sich im Handy notieren, wenn er unbedingt muss, dann können wir danach darüber sprechen – sagte Sven.

Tanja lehrte ihr Glas, dann mixte sie wieder Juice und Wodka, mit etwas mehr Wodka, und fuhr fort: – Ihr ist auch heute nicht klar, warum es ihr jahrelang nicht gelang, da herauszukommen, denn sie ist kein Masochist und mag nicht unterdrückt werden, aber von innen sehen die Dinge anders aus. Da sieht der Mensch vermutlich nicht so gut. Deshalb habe ich auch angefangen, euch das zu erzählen, es wird einem alles erst nach zwanzig Jahren klar, wenn es nicht mehr wichtig ist. Aber es ist nicht so, dass sie nicht versucht hätte wegzugehen, nur er hat sie nicht gelassen. Wenn sie sich nicht am Handy meldete, rief er sie übers Festnetz auf der Arbeit an und drohte damit, ihren Chef anzurufen und ihm zu sagen, was für eine Schlampe er in seiner Firma beschäftigt, oder zu ihren Eltern zu gehen und das Haus nicht eher zu verlassen, bevor sie nicht kommt. Die meisten dieser Drohungen hat er auch wahr gemacht, und dann hat sie sich bei ihm gemeldet – damit er aufhört, sie bloßzustellen, denn ihr war es peinlich. Und wieder zog er sie in seinen Bann. Ständig hat er sie mit etwas erpresst, um dann zwischen diesen Gewaltepisoden Lieder für sie zu schreiben oder stundenlang jeden Millimeter ihres Körpers zu untersuchen. Und zu küssen. Er schloss das Zimmer ab, nahm ihr das Handy weg, und sie gingen tagelang nicht hinaus, waren nur am Vögeln und Musizieren. Seine Mutter brachte das Essen und stellte es vor die Zimmertür.

Und dann gab es wieder Krawall. Sie hätte etwas „Falsches" gesagt, das war genug. Und als sie in Hemd und Höschen aus seiner Wohnung auf die Palmotićeva hinausstürzte und die Passanten bat, die Polizei zu rufen, sind die Leute nur vor ihr zurückgewichen, bis er wiederaufgetaucht ist und sie zurück in die Wohnung zog.

Am Ende störte ihn sogar, dass sie zur Arbeit geht. Einmal hat er mit seinem Auto ihr Auto auf dem Firmenparkplatz blockiert, sie konnte nicht vor und nicht zurück, wie auch ein Kollege nicht, der neben ihr geparkt hatte, und als sie versuchten, ihn mit Gewalt zu entfernen, hat er den Schlüssel und das Lenkrad zerbrochen. Und das ging so lange, bis sie sich eines Tages hinstellte und sagte: „Das machst du nicht länger, du kannst mich auch umbringen, aber das machst du nicht länger!"

Er rief sie pausenlos an, wann immer sie das Handy einschaltete, klingelte es sofort, aber dieses Mal gab sie nicht nach. Sie meldete sich nicht bei ihm, ließ sich krankschreiben und versteckte sich bei einer Freundin, trotzdem rief er in einem fort

an, jeden Tag, sie, die Eltern, die Firma, die Freundinnen ...
Sie musste die Arbeit aufgeben und zu ihrer Familie nach Italien flüchten, vier, fünf Monate. Und als sie zurückkehrte und wieder ihre kroatische Nummer aktivierte, rief er bereits nach wenigen Stunden wieder an. Nach gut fünfzig nicht angenommenen Anrufen holte sie tief Luft, drückte die grüne Taste und fragte ihn, was zum Teufel er wolle! Ihr werdet es nicht glauben, was er sagte – flüsterte Tanja fast. – Er wollte nur hören, ob es ihr gut geht.

Die ganze Geschichte hatte Tanja in einem Atemzug erzählt, als könnte sie es kaum erwarten, sie aus sich herauszubringen, sodass ich dachte, das sei ihre Erfahrung und sie habe sie nur deshalb einer Freundin zugeschrieben, um sich dahinter zu verstecken, weil sie sich schämte, aber ich konnte mir schwer vorstellen, dass unsere streitbare Freundin so etwas zugelassen hätte. Jetzt machte sie eine Pause und ließ den Blick über uns wandern, als würde sie eine Reaktion erwarten.

– Ich hoffe, dass sie ihn da endlich abserviert hat – sagte Magdalena wütend, die diese Geschichte am meisten bis zum Schluss hatte hören wollen. – Ich hätte mich mit ihm nach zwei Tagen geprügelt, entweder er hätte mich umgebracht, oder ich hätte ihm die Augen ausgekratzt.

– Alle kennen deine kurze Lunte, meine Liebe, niemand hat auch nur im Entferntesten daran gedacht, dass du das erduldet hättest, keine Angst – gab Andrej seinen Senf dazu und grinste.

– Hört schon auf, ihr beiden, verschont uns – brachte Tanja sie zum Schweigen und fuhr fort: – Ja, sie sagte mir, dass sie ihn so angeschrien habe, dass sie selbst erschrocken sei. Sie schrie, dass sie ihn das nächste Mal, wenn er sich ihr nähert – umbringen werde! Oder jemanden dafür bezahlen werde, dass er ihn umbringt. Und dass es besser für ihn sei, sollten sie sich zufällig auf der Straße begegnen, dass er sich umdreht und wegläuft.

Da begriff er, dass es aus ist, er spürte, dass sie sich von der Kette frei gemacht hatte und dass von der klebrigen Mischung aus Leidenschaft und Angst nichts geblieben war. Obwohl er im Zentrum wohnte, hat sie ihn nie wieder getroffen. Beziehungsweise doch, einmal hat sie ihn auf dem Hauptplatz bemerkt, von Weitem, aber als er sie sah, ist er tatsächlich abgebogen, um ihr aus dem Weg zu gehen.

– Brrrr, eine eklige Geschichte – rief Franka und sprang vom Sessel. – Wer will noch was zum Trinken? – fragte sie und hüpfte in die Küche, um Nachschub zu holen.

V.

– Aber sie ist nicht fertig – rief Tanja hinter ihr her. – Das Schlimmste, was er ihr angetan hat, hat sie da noch nicht einmal geahnt. Dessen wurde sie sich erst bewusst, nachdem gut zehn Jahre vergangen waren.

– Wie das jetzt? – fragte Franka, während sie über den Tresen hinweg, der das Wohnzimmer von der Küche trennte, Tomo je eine Flasche Weißen und eine Flasche Roten reichte. Dann nahm sie noch ein paar Dosen Bier und kehrte zur Couch zurück. Tanja wartete, bis sie die Getränke verteilt und sich hingesetzt hatte.

– So. Nachdem sie ihn losgeworden war, lernte sie einen feinen, ruhigen Typ kennen, der das komplette Gegenteil von diesem verrückten Musiker war. Und von allen ihren früheren Freunden. Er war rücksichtsvoll, gut, zuverlässig ... Er hatte einen hervorragenden Job und war in ihm erfolgreich. Er arbeitete in einer großen internationalen IT-Firma und bekam, von den Mitarbeitern, die ihre Chefs benoteten, die besten Bewertungen aller regionalen Manager. Und sie dachte, dass es das sei, was man von einem Mann verlangen soll, Stabilität und Verständnis. Sie hatte genug von den wilden Kerlen und wollte nie mehr mit Angst nach Hause kommen. Und so heiratete sie ihren Manager.

– Gut so. – Sicher war er besser für sie als dieser Verrückte, ich habe auch genug von den Typen, die sich nicht kontrollieren können – warf Franka ein, und ein paar von uns schauten rasch zu Sven.

– Natürlich war er besser, aber er war nicht gut für sie. Nach fünf, sechs Jahren hatten sie überhaupt keinen Sex mehr und haben auch kaum noch miteinander gesprochen. Nie hat er ihre Zustände und Stimmungen kapiert, wegen nichts hat er sich aufgeregt, noch war er im Geringsten eifersüchtig. Er fragte sie auch nicht, wo sie gewesen sei, wenn sie ausging. Sie konnten tagelang nebeneinander auf der Couch sitzen, ohne dass er sie an sich gezogen und umarmt hätte. Es gab keine kurzen Berührungen, flüchtigen Küsse … Sie dachte schon, er habe eine andere, hatte er aber nicht, er war einfach so. Gut, kontrolliert und verklemmt. Immer hörte er ihr zu, wenn sie im Job ein Problem hatte, regte sich deshalb aber nicht auf. Sie warf ihm vor, er teile ihre Enttäuschung oder Wut nicht genügend; und nie stünde er auf ihrer Seite, denn er versuchte sie in solchen Situationen immer zu beruhigen, er sagte, sie solle drüber schlafen und die Sachen würden sich von allein regeln. Aber sie wollte sich über jemanden aufregen.

Ihm war es wichtig, dass sie nach der Arbeit in ihrem Wintergarten sitzen und aus den besten Lautsprechern der Welt Musik hören, dass sie im Urlaub immer irgendwohin reisen und in den besten Hotels absteigen, dass sie von Zeit zu Zeit eine Party für Kollegen und Freunde veranstalten. Er war tot, jedenfalls dachte so unsere Freundin, und auch sie wurde neben ihm immer toter.

Am Anfang kämpfte sie dagegen an, versuchte ihn wachzurütteln, sie gingen sogar zu einem Psychotherapeuten, aber nach einiger Zeit gab sie es auf. Alles funktionierte dem Anschein nach, die Eltern endlich zufrieden, ein schönes Haus, ein guter und erfolgreicher Mann, kein Streit, aber sie ist am Sterben. Und möchte es ihnen nicht zeigen, um sie nicht wieder zu beunruhigen. Und möchte auch sich selbst nicht eingestehen, dass sie wieder Scheiße gebaut hat. Und kämpft immer weiter, und so vergehen noch ein paar Jahre, und die Dinge werden immer schlimmer, und sie wird platzen vor Frust, wenn sie sich nicht befreit.

– Uh, verdammt.

– Er war anders als alle ihre Männer, und gerade ihn hatte sie heiraten müssen. Und nur deshalb, weil er im richtigen beziehungsweise falschen Moment gekommen war. Nach diesem Verrückten. Aber bis sie das begriffen hatte, vergingen Jahre. Und die kann sie nicht ungeschehen machen. Selbst nicht, wenn sie sich befreit. Deshalb sage ich, du weißt nie, wie dich das Leben einmal verarscht.

Als Erster reagierte Andrej, der sich in der Zwischenzeit in Feris Schaukelstuhl gesetzt hatte, neben seine Frau. – Jede Entscheidung ist falsch. Das sage ich die ganze Zeit, wie immer du entscheidest, am Ende gelangst du an eine Wand und kannst nur mit dem Kopf dagegen schlagen. Und wäre jemand anderes aufgetaucht, und nicht dieser gutmütige Kerl, wäre sie nach zehn Jahren wieder nicht zufrieden gewesen. Aber die Sache liegt nicht am Leben, sondern an uns, so sind wir gemacht, feherhaft. Das ist das Prinzip, auf dem die Welt beruht.

– Und warum gehst du nicht zu deiner Ex zurück, wenn es dir nicht gut geht – hielt Magdalena es nicht aus.

– Ich habe gerade gesagt, weshalb. Uns treibt die Unzufriedenheit an, ohne die wäre alles tot, aber am Ende bleibt das Resultat immer gleich. Es hat eine Zeit gebraucht, bis ich das kapiert habe.

– Wenn es so ist, hättest du nicht ausziehen müssen. Wenn jedes Resultat für dich schlecht ist, dann bemüh dich wenigstens, möglichst wenig Menschen zu verletzen, hör auf, alles um dich herum zu zerstören. Du hast dich vor so vielen Jahren scheiden lassen, und noch immer kümmerst du dich um sie. Und machst uns kaputt.

– Ich tue ja mein ganzes Leben nichts anderes als zu versuchen, die Menschen nicht zu verletzen, aber immer wieder kommt jemand und behauptet, ich hätte ihn verletzt. Das ist schwer zu begreifen – sagte Andrej, lachte und versuchte sie zu küssen, aber seine Frau wich ihm schnell aus. Dabei schlug sie ihm leicht mit der Hand auf den Arm und murmelte leise, aber hörbar genug: – Mich hast du, bei Gott, viele Male verletzt.

– Dass ich für sie einen Handwerker aufgetrieben habe, der ihr den Gasboiler ausgetauscht hat, als sie mitten im Winter keine Heizung hatte, ist keiner Erwähnung wert, ich bin ihr beigesprungen, weil sie Hilfe brauchte, und sie hat mir auch nie etwas Böses getan. Sie hat mich nicht belästigt, nachdem ich weggegangen bin, sie hat nicht angerufen, nicht gedroht, nicht gebettelt, dass ich zurückkomme. Sie ist allein in der Wohnung, es gibt niemanden sonst, der ihr beistehen könnte, und ich sehe nicht, wie dich das bedrohen sollte. Es wäre wohl besser gewesen, ich hätte es verschwiegen, so wie es Mladen getan hat.

– Das Problem war nicht nur das Gas. Einmal musste eine Waschmaschine aus dem Geschäft geholt, ein anderes Mal musste sie ins Krankenhaus gefahren werden.

– Vielleicht ist es mein Problem, dass ich zu viel Verständnis habe, für meine Ex, für die Kollegen bei der Arbeit, die Freunde … Selbst wenn sie schreckliche Sachen machen, habe ich Verständnis für sie. Mich bringt die Empathie noch um. Auch dir, meine Liebe, kann ich nie böse sein.

Ich hörte Magdalena und Andrej zu und versuchte mich zu erinnern, ob Tanjas Ex-Mann für eine internationale Firma gearbeitet hat oder nicht, ob er sich mit Computern beschäftigt hat, aber dann mischten sich plötzlich alle in diese Geschichte ein.

VI.

– Das ist alles fürn Arsch. Ihr seid ja nicht ganz dicht – warf Sven scharf in das Durcheinander ein, das am Tisch entstanden war, nachdem Tanja das Lebensdrama ihrer Freundin erzählt hatte.

Es ist schwer, alles genau zu rekonstruieren, denn fast alle redeten durcheinander, aber ich denke, dass ich einige Stimmen heraushöre: Andrej, wie immer voller Verständnis, verteidigte den guten und langweiligen Ehemann, aber Magdalena nutzte jede Gelegenheit, ihn zu provozieren; Franka wollte sie dazu bringen, endlich still zu sein, und ermunterte sie unter Lachen, sich vor allen zu küssen; Mladen versuchte die ganze Zeit auszugleichen und wiederholte, dass die Liebe nicht nur überschätzt werde, sondern auch bösartig sei und man ihr besser aus dem Weg gehe; Tomo unterhielt sich mit Tihana, völlig desinteressiert an allen anderen; Iris machte sich Sorgen, wir könnten zu viel trinken, und fing an, die Aschenbecher auszuleeren und die Tische abzuräumen, die voller Gläser und Flaschen standen; Katarina erinnerte sich an eine ähnliche Geschichte ihrer Freundin, die während des Studiums fast von einem Kollegen von der Uni vergewaltigt worden war, aber er war zu betrunken gewesen, und so hatte alles damit geendet, dass sie ihn an einen Stuhl gefesselt hatte und aus dem Haus geflüchtet war, in dem er wohnte: – Er hat sich nie mehr an der Uni blicken lassen, und sie dachte, dass er sich vielleicht nicht hatte losbinden können und vor Hunger und Durst krepiert war. Aber sie machte sich keine Sorgen, sie hat nie nachgefragt, was mit ihm war.

Aber dann gelang es Sven, uns alle zu übertönen: – Den ganzen Abend versorge ich euch mit Stoff und Musik, und ihr erzählt immer noch, was euren Freunden passiert ist! Warum erzählt ihr nicht von euch?

– Wie meinst du das?

– Wir sind alle in den Vierzigern und wurden alle vom Leben gebeutelt. Ich bin mir sicher, dass jeder von uns eine blutige Geschichte zu erzählen hat. Die möchte ich hören. Etwas Authentisches. Und keinen Tratsch und Mutmaßungen über eure Freunde. Und es gibt kein Philosophieren und Theoretisieren über die Liebe, sondern nur konkrete Ereignisse, und dann soll jeder daraus seine Schlüsse ziehen, wie er will. Machen wir es so.

– Dann fang du an – erwiderte Franka, die von Svens Enthusiasmus irritiert war, seit er in die Wohnung hereingestürzt war. – Aber vorher könntest du diese Tasche beiseite räumen. Sie steht mitten im Zimmer, seit du gekommen bist, es wird noch jemand über sie fallen.

Die Leute raunten Verschiedenes, denn die meisten wussten, dass Franka und Sven vor Kurzem etwas miteinander gehabt hatten, aber ihnen war nicht klar, in welcher Beziehung sie jetzt zueinander standen. Aber davon hatte Andrej keine Ahnung, sein Interesse galt vor allem poetologischen Streitgesprächen und literarischen Aktionen, weshalb er rasch fortfuhr, in der Befürchtung, dass man über diese interessante Idee leichthin hinweggehen könnte:

– Aber Sven tut das doch ständig, für ihn ist das überhaupt kein Problem. Seine Bücher sind voll des eigenen Lebens.

– So sehr, dass ihm seine Kritiker, für die positive Projektion ein Begriff aus der Mathematik ist, vorwerfen, nicht in der Lage zu sein, sich etwas auszudenken – fiel jetzt auch Mladen ein.

– Warum sollen wir uns nicht alle eine Geschichte ausdenken und sie erzählen – gab Andrej nicht auf. – Wie auf diesen *storytelling festivals*, nur dass wir nicht ganze Monate zum Vorbereiten hätten, sondern sie in diesem Augenblick erfinden müssten. Nicht wichtig, ob sie wahr ist oder nicht, sondern nur, dass sie gut ist. Wenn sie gut ist, dann ist sie auch wahrhaftig.

Aber Sven hatte eine klare Vorstellung von dem, was er wollte, und ließ nicht locker: – Nein, ich möchte keine ausgedachten Geschichten, nur das authentische Leben. Wenn ihr anfangt, euch etwas auszudenken, fangt ihr an, Blödsinn zu erzählen. Erzählt, was euch kaputt gemacht hat, und ich bin mir sicher, dass es gut wird. Oder etwas, dessen ihr euch schämt, etwas Pathologisches, was ihr auch vor euch selbst verbergt.

– Wir wissen, dass du es genießt, vor den Lesern auf dir selbst herumzutrampeln, aber warum glaubst du, dass wir anderen uns auch gern vor anderen erniedrigen?

Als hätte er vergessen, dass er kurz zuvor selbst etwas Ähnliches gesagt hatte, bezog Andrej wieder Stellung für Sven. Oder er wollte nur Druck rausnehmen.

– Aber Franka, dass die Hauptfigur seiner Romane so heißt wie er, bedeutet nicht, dass das tatsächlich er ist. Du darfst nie vergessen, dass es sich nur um eine von hundert Erzählstrategien handelt, um die Dinge überzeugender zu machen. – Dann drehte er sich zu allen um und sagte mit Nachdruck: – Das wissen wir, nicht wahr?

– Ach lass sie, sie ist ein *joykiller*. So nenne ich sie schon seit Jahren – sagte Sven.

– Ich bin mir sicher, dass das er ist. Manchmal scheint mir, dass er nur deshalb Scheiße baut, damit er darüber schreiben kann. – Nachdem sie das gesagt hatte, drehte sich Franka zu Sven um, als ob sie von ihm eine Antwort erwartete, aber Andrej, dem Svens Idee offenbar am meisten gefiel, hatte keine Geduld für dieses Geplänkel.

– Dann kann es so sein wie beim Pričigin, aber nur die Wahrheit. Gehen wir der Reihe nach, jeder jeweils eine Geschichte.

– Ach komm, Andrej, du verbirgst dein Leben wie eine Schlange ihre Beine, niemand weiß etwas über dich, aber vorhin hast du etwas Stoff genommen, und jetzt würdest du uns am liebsten sofort alles beichten. Danach wird es dir leidtun – gab ihm Mladen zu bedenken.

– Ich verberge nichts, sondern du hast mich nie etwas gefragt, es interessiert dich nicht, Kamerad, denn bei dir ist immer Feuer am Dach, dem wir uns alle ganz schnell widmen müssen.

– Das hier wird nichts wert sein, wenn es uns danach nicht allen leidtut. Wichtig ist, dass wir alle erzählen, und das so, dass es uns später, wenn wir wieder nüchtern sind, unangenehm ist, dass wir uns darauf eingelassen haben. Aber damit es einigen leichter wird – nichts von dem hier Gesagten darf nach außen dringen. Nicht, dass ich später in irgendeiner Geschichte etwas davon wiederfinde. Und es muss etwas sein, das uns sprengt, das unser Leben verändert hat, etwas, dessen wir uns schämen oder das wir fürchten. Und was wir bisher niemandem erzählt haben – sagte Sven in einem Atemzug, als würde er es kaum erwarten können, uns allen etwas zu erzählen. Dann sah er Franka an: – Das ist das Wichtigste, etwas, was ihr niemandem bisher erzählt habt! Ich habe meine Geschichte.

Er drehte die Musik leiser, ließ seinen Blick über alle schweifen und setzte hinzu: – Sind wir alle dafür?

Einige nickten zustimmend, die meisten schwiegen, und Sven fasste das als Einverständnis auf und fragte: – Wer ist der Erste?

VII.

Zigaretten wurden angezündet, Getränke geschlürft, alle sahen einander an, aber niemand wollte beginnen.

– Wo ist Feri? Er hat am meisten Erfahrung in solchen Dingen, er soll anfangen – sagte Andrej.

– Feri hat sich ein Buch genommen und gesagt, er geht aufs WC. Das macht er manchmal in der letzten Zeit, er lädt Gäste ein, steht am Grill, und wenn alle beisammen sind, flüchtet er ins Schlafzimmer, um zu lesen. Die Rituale sind geblieben, aber er ist der Menschen müde geworden – versuchte Tomo zu erklären, aber das überhörten fast alle. Feri schien ihnen der Ideale zu sein, um das Eis zu brechen.

– Ich hole ihn – blieb Andrej hartnäckig, kam aber schnell zurück und verkündete, dass Feri schlafe. Und dann hatte er die Idee, dass sie auch Franzen, wenn er zurückkomme, bitten könnten, etwas zu erzählen, was er bisher niemandem erzählt hat, aber das nahm niemand ernst, und so versuchte er, ganz Feuer und Flamme, uns zu überzeugen, dass es durchaus möglich sei, dass Franzen an dieser Idee Gefallen findet. Den Lärm und das Gelächter unterbrach Tanja, die sagte, sie müsse gehen, denn sie fliege früh am Morgen nach Split, aber dass sie auch so schon das Ihre erzählt habe, nicht nur die Geschichte ihrer Freundin, sondern auch das Trauma aus Skopje, und dass sie uns morgen anrufen werde, um zu hören, was weiter war.

Alle Rollos waren hochgezogen, aber draußen war es stockdunkel. Lediglich durch die südliche Fensterfront, die das Wohnzimmer von der Terrasse und dem Garten mit dem Pool trennte, sah man unten, weiter bergab, die Lichter der Stadt. Tanja ging über die Terrasse hinaus, und Tomo, der sich am besten auskannte, schaltete die Lichter auf der Terrasse und im Garten an, damit sie die Treppe hinunterfand. Als die Lichter aufflammten, wich auch das Halbdunkel um uns herum, für kurze Zeit traten die Gesichter aus dem Schatten. Aufgereiht auf der Couch, gedrängt um den Tisch, in den Sesseln, saßen meine Freunde, schon ein wenig mitgenommen, verfolgt von allem und jedem, am meisten von der eigenen Sehnsucht. Noch immer sind sie neugierig und gierig nach Befriedigung und Leben, dachte ich, und fühlte für einen Augenblick eine große Nähe zu allen im Zimmer. Ich kannte sie alle schon lange, manche besser, manche weniger gut, und ich fragte mich, ob es möglich sei, dass jemand von ihnen jetzt etwas erzählt, was mein Urteil über ihn ändern würde, das ich mir mit den Jahren gebildet hatte. Hat egal welche Geschichte solche Kraft? Und was könnte ich ihnen erzählen? Bin ich bereit, mich zu exponieren, ohne alles Kalkulieren oder Beschönigen?

Vermutlich war ich nicht der Einzige, der darüber nachdachte, aber dann unterbrach Mladen die Stille: – Gut, ich kann etwas erzählen, dessen ich mich wirklich schäme. Wann immer ich mich daran erinnere, ist es mir unangenehm, obwohl seitdem mehrere Jahre vergangen sind. Es ist dumm, bizarr, blöd, in gewisser Weise völlig unwichtig, aber deswegen ist es mir nicht weniger unangenehm. Nach der Verleihung des Selimović-Preises in Tuzla saß ein gutes Dutzend von uns an einem Tisch in einem Restaurant an einem der künstlichen Seen. Wie immer bei solchen Begegnungen sind zu Beginn viele wie gelähmt, aber nach ein paar gemeinsam verbrachten Tagen, im Laufe derer du den unbekannten Kollegen aus Montenegro oder Mazedonien nur höflich gegrüßt hast, aus Befürchtung, aufdringlich zu wirken, findest du dich gerade an diesen letzten Abenden, wenn die Lesungen absolviert und die Preise vergeben sind und man ausgiebiger und lockerer isst und trinkt, plötzlich in einem vertrauten Gespräch mit jemandem, der dir bis vor Kurzem noch eingebildet und unsympathisch erschienen ist. Wie vermutlich auch du ihm. Mich traf es an diesem Abend, dass ich neben einem mazedonischen Literaturprofessor, Autor und Musiker zu sitzen kam, der mehrere Instrumente spielte. All die Tage war es mir nicht gelungen, mir seinen Namen zu merken, aber jetzt erschien er mir plötzlich als unglaublich interessanter Mensch, mit dem ich eine ganze Reihe wichtiger Details meines Heranwachsens teilte. Es ist nicht nur die Rede von Musik oder Büchern, die wir liebten, von Schriftstellern, die uns wichtig waren, oder der Art und Weise, wie wir Literatur verstehen, sondern auch, wie uns das Schauen von Toni Kukoč und Jugoplastika dazu brachte, dass wir Stunden um Stunden mit Dribbeln verbrachten, und Ende der Neunziger, als es noch keine NBA-Spiele im Fernsehen gab, ganze Nächte hindurch im Internet herumhingen und die Live-Statistik von Kukoč und seinen Spielen bei den Chicago Bulls verfolgten. Wir konnten sie nicht sehen, aber wir starrten auf den Bildschirm und freuten uns über jeden Korb und jeden in seine Rubrik eingetragenen Pass.

Small Talk habe ich nie leiden können, so ein Gespräch ist selbst dann langweilig, wenn es von einem Haufen Witze unterstützt wird, und ich habe mich nie gescheut, das auch zu zeigen, weshalb ich vielen als arrogant und unverschämt gelte. Aber Kukoč ist für mich fast wie Jordan, und sowie ich jemanden gefunden hatte, der ähnlich denkt, übersprangen wir im Nu die Barriere, die uns dem Anschein nach trennte. Kurzum, wir surften in unserem Leben und fühlten uns immer besser. Als wir feststellten, dass wir beide auch das Freitauchen lieben, das völlig gelöste Treiben am Meeresgrund, wenn sich die Herzschläge drastisch verlangsamen und die Membrane zwischen Körper und Meer fast aufgehoben ist, musste ich ihm Fotos zeigen, die in diesem Sommer meine Freunde aufgenommen hatten, als ich meinen eigenen Rekord brach, hinunter bis auf zweiundzwanzig Meter. Und so, in der Galerie im Handy blätternd und die Fotos vor seinen Augen suchend, stieß ich auf eine Aufnahme von meinem eigenen Geschlechtsorgan, die ich völlig vergessen hatte.

Wir brachen in Lachen aus, aber Mladen lachte nicht. – Ich weiß, was ihr denkt, aber es war nicht erigiert, und ich habe es auch keiner Frau beim *Cybersex* geschickt, sondern meiner damaligen Freundin, um ihr einen Pickel zu zeigen, der sich gebildet hatte. Als ich zu diesem Foto kam, habe ich rasch weitergeblättert, aber es war zu spät, der Mazedonier hatte es gesehen, und zwischen uns entstand ein unangenehmes Schweigen. Bald fand ich die Fotos vom Tauchen, aber sie waren für uns nicht mehr interessant, wir kommentierten sie nur beiläufig, um es hinter uns zu bringen. Obwohl wir beide so taten, als sei nichts geschehen, begann das Gespräch merklich zu stocken, und ich fragte mich die ganze Zeit: Er glaubt doch wohl nicht, dass ich ihm meinen Schwanz absichtlich gezeigt habe? Ich werde jetzt noch rot, wenn ich mich daran erinnere. Und mir tut auch der Mann leid. Wer weiß, was er über mich denkt und wie er das gedeutet hat.

Alle lachten, aber Sven war nicht zufrieden. – Das ist bizarr und komisch, aber nicht das, was wir suchen. Solche Anekdoten verleiten uns nur dazu, unernst zu werden. Und ich glaube nicht, dass Mladen mit dieser Geschichte nicht bereits eine Gesellschaft unterhalten hat. Vielleicht nicht, aber er hätte es können. Eine dumme und unangenehme Situation, aber es handelt sich nur um eine Unachtsamkeit, niemand kann ihm das ernsthaft übelnehmen. Ich möchte ernsthafte Geschichten, über ernsthafte Lebensprobleme, Umbruchsituationen, denen man etwas über euch entnehmen kann, Handlungen, die ihr aus irgendeinem Grund vor allen verheimlicht habt. Haben wir die Kraft dafür, das frage ich euch.

Wieder entstand Unruhe, einige winkten ab und wandten sich ihrem Nachbarn zu, um miteinander zu plaudern, und Sven drehte nach kurzem Warten die Musik wieder lauter, als würde er aufgeben. Dann war plötzlich Doras Hand in der Luft.

– Gut, ich bin die Erste. Ich habe Tanja aufmerksam zugehört, aber ich habe eine noch verrücktere Geschichte. Kaum jemand hat sich selbst so reingeritten wie ich – sagte Dora, die die ganze Zeit vor allem geschwiegen und Strecken geschnupft hatte, die Sven vor ihr aufgelegt hatte.

– Aber ihr dürft es niemandem weitererzählen. Niemand kennt die ganze Wahrheit, nicht einmal mein Ex.

– Das haben wir schon verabredet – erklärte Sven ernst, und mir schien, dass auch er glaubte, dass wir über das, was wir an diesem Abend zu hören bekämen, bis ans Ende unseres Lebens schweigen würden.

Dora blickte in die Runde, und als alle nickten, zog sie an ihrer Zigarette, blies den Rauch aus und begann in aller Ruhe.

VIII.

– Ihr wisst alle, dass ich mich nur ein paar Monate, nachdem ich niedergekommen war, habe scheiden lassen. Natürlich war das für alle seltsam, und viele haben mich gefragt, was passiert sei, manche von euch erst unlängst, aber ich habe nur den Kopf geschüttelt und gesagt, dass ich darüber nicht sprechen möchte. Weder meinen Eltern noch meiner Schwester, niemandem habe ich alles erzählt. Ich habe die Schuld auf Damir abgewälzt und verschwiegen, was ich getan habe.

Wieder machte sie einen tiefen Zug, dann drückte sie die Zigarette im Aschenbecher aus und fuhr fort:

– Mit Damir war ich schon sechs Jahre zusammen, als ich mich auf einer Studienreise in unseren Fremdenführer verliebte. Er war ein aus Poreč stammender Zinzare, von dem fast alle dachten, er wäre Albaner. Er führte uns auf Brioni und zeigte uns die archäologischen Stätten, und mir setzte die ganze Zeit mein Mentor zu. Aber er gefiel mir nicht, und so habe ich ihn hartnäckig abgewiesen. Nach einiger Zeit bemerkte er, dass ich mich oft in Gesellschaft des jungen Dževdžet befand, und da kam er bei einem Mittagessen an meinen Tisch, setzte sich und sagte zu mir: „Das kann doch wohl nicht wahr sein, dass dir dieser Shiptar gefällt. Halt dich lieber fern von ihm, sonst werden die Leute noch alles Mögliche denken." Ich habe ihn entsetzt angesehen und gefragt, was sie denken werden, und er stieß, ohne zu zögern, wie selbstverständlich, hervor: „Dass eine Professorin von der Zagreber Uni mit einem Fremdenführer anbandelt, der mindestens zehn Jahre jünger ist als sie, und dazu noch ein Shiptar."

Ich bin aufgestanden, habe meinen Teller genommen und bin zu dem Tisch gegangen, an dem Dževdžet saß. Der Professor kriegte einen roten Kopf, und von da an bis zur Rückkehr nach Zagreb zischte es ihm aus den Ohren.

Franka klatschte in die Hände, und Andrej stieß einen Pfiff aus, aber Dora ließ sich nicht beirren, sondern fuhr ruhig fort: – Und ich trennte mich nicht mehr von Dževdžet. Wir verliebten uns ineinander, und die folgenden sechs Monate nutzte ich jede Gelegenheit, um nach Istrien zu fahren. Ich weiß eigentlich nicht, an was ich hängen geblieben war, aber zum Teil wohl auch an dieser Geschichte von seiner Herkunft. Er hatte das Bedürfnis, sie mir im Detail zu erzählen, offensichtlich quälte ihn das, und ich hörte ihm bei unseren ersten Treffen vor allem nur zu. Seine Familie stammte aus Moskopolje, einer Stadt in den albanischen Bergen, die von den Türken im 18. Jahrhundert zweimal zerstört worden war. Vor der ersten Zerstörung hatte die Stadt 60.000 Einwohner gehabt und war das größte Zentrum der Zinzaren gewesen, die zweitgrößte Stadt auf dem Balkan, gleich nach Istanbul. Nach der Zerstörung begann die große Wanderung der Zinzaren, aber seine Leute lebten noch eine Zeit lang in der zerstörten Stadt, die jetzt von Albanern umgeben war, und damals haben sie vermutlich auch ihren Nachnamen albanisiert.

Hundert Jahre später siedelten sie sich in Bitola an. Dort sprachen sie Zinzarisch innerhalb ihrer Gemeinschaft, aber die Sprache der Kultur war Griechisch, wie auch die des Gottesdienstes. Deshalb haben die Zinzaren, die sich später auf dem Gebiet Österreich-Ungarns ansiedelten, griechische Schulen und Gotteshäuser eröffnet. Wir glauben, dass Demeter und Gavella Griechen waren, aber sie waren genau genommen Zinzaren.

Andrej begann immer schneller in seinem Stuhl zu wippen, und Dora verstand das als Protest und deutete ihm mit erhobenem Finger, still zu sein.

– Ich komme gleich zu Dževdžet zurück, Andrej, aber lass mich diese Familiengeschichte erzählen, mir war sie wichtig, in jenen Tagen war mir alles wichtig, was mir Dževdžet erzählte. Sein Großvater kannte in Bitola die Gebrüder Manaki, die ersten Filmemacher auf dem Balkan, die ebenfalls Zinzaren waren, und ist oft in ihr Kino gegangen. Als ich im Internet einen Brief von Milton Manaki fand, in dem er ihn erwähnt, weiß ich nicht, wer glücklicher war – ich oder Dževdžet.

Zur Zeit des alten Jugoslawien sprach man in ihrem Haus vier Sprachen – im Alltag Zinzarisch, gebetet wurde noch immer auf Griechisch, und wenn Gäste kamen und auch in der Stadt bediente man sich des Mazedonischen oder Serbischen. Der Großvater war später bei den Partisanen, er trat auch in die Partei ein, und deshalb wurde nicht mehr gebetet; so ging das Griechische verloren. Dževdžets Vater hatte sich noch als junger Mann mit einer Albanerin verheiratet, trotz des Widerstands seiner und ihrer Leute, er wurde Offizier der JNA und verließ Mazedonien. Sie wohnten in allen Gegenden Jugoslawiens, und Dževdžet wurde in Zadar geboren. Und lange wusste er von all dem nichts, nicht einmal, dass er Zinzare ist. Der Vater hatte sich als Jugoslawe deklariert, ihm selbst war das überhaupt nicht wichtig, und sie sprachen zu Hause auch nicht darüber, bis Ende der Achtziger der Vater starb. Bald darauf begannen die Kinder aus dem Wohnblock, vor allem Söhne der Kollegen seines Vaters, Dževdžet „Shiptar" zu rufen, vermutlich wegen des Namens, und sie weigerten sich, mit ihm zu spielen. Als er seine Mutter fragte, ob er ein Shiptar sei, sagte sie ihm, er sei Zinzare, und da ist er diesem Wort zum ersten Mal begegnet. Danach sagte er allen, er sei Zinzare, aber Zinzaren sind Wlachen, und die wurden von den meisten Kroaten, wegen ihres orthodoxen Glaubens, als Serben angesehen, und so wurde er Serbe. Er versuchte ihnen zu erklären, dass er kein Serbe sei, sondern Wlache, hatte damit aber keinen Erfolg. Und es war die Kriegs- und Nachkriegszeit, und da war es nicht gerade angenehm, in Zadar ein Serbe zu sein, dessen Vater zudem noch Oberst der JNA gewesen war.

Da begann er nachzuforschen und versuchte herauszufinden, wer diese Zinzaren sind, und je mehr er darüber las, desto mehr zog ihn die Geschichte in ihren Bann, und so erzählte er auch mir, nach jedem Sex, stundenlang, was er über diese balkanischen Chasaren entdeckt hatte, die eigentlich romanisierte Illyrer oder Thraker waren und eine Variante des Ostlateinischen sprachen, die dem Rumänischen ähnelt. Und so zog er mich in diese Geschichte hinein. Bald suchte ich auch selbst Texte über sie und brachte sie ihm.

Die Zinzaren waren immer bilingual, sie zogen ständig auf dem Balkan um und sprachen neben ihrer Sprache die Sprache der Gemeinschaften, in die sie sich hineinassimilierten. Und sie spielten eine große Rolle bei der nationalen Wiedergeburt fast aller Balkannationen. In Serbien waren Zinzaren zum Beispiel Nikola Pašić und Oberst Apis, der die *Schwarze Hand* leitete, aber auch Jovan Sterija Popović, Branislav Nušić, Koča Popović und viele andere; da nach der Katastrophe in Moskopolje viele nach Rumänien ausgewandert waren, das ihnen sprachlich am nächsten war, wurden sie Anführer der rumänischen Nationalbewegung, aber das erkennen die Rumänen bis heute nicht an, für sie gelten sie als Rumänen; in Mazedonien führte der Zinzare Pitu Guli den Ilinden-Aufstand gegen das Osmanische Reich an; in Kroatien waren es die Bannerträger der nationalen Wiedergeburt Demeter und Runjanin ... Sie haben mitgeholfen bei der Schaffung von Rumänien, Mazedonien, Serbien, Kroatien, aber nie ist es ihnen gelungen, ihren eigenen Staat zu schaffen. „Wie die Chasaren", sagte Dževdžet immer wieder. „Groß, aber dahingeschwunden." Alle wandten sich damals ihren Nationen zu und entdeckten wieder, wer sie sind, aber er hatte entdeckt, dass er Angehöriger eines Volkes ist, das im Untergehen begriffen ist, und das gefiel ihm, und auch mir gefiel es. Jetzt denke ich, dass ich mich gerade wegen dieser Geschichte so sehr in ihn verliebt habe, sie verband uns und schenkte uns eine gemeinsame Welt außerhalb des Betts.

Einmal fuhren wir nach Krk, auf der Suche nach Spuren der Wlachen, die die Frankopani dort angesiedelt hatten, wir verglichen ihr Krker Rumänisch von Punat mit dem Veljotischen von Krk. Dževdžet lernte auf die Schnelle Zinzarisch und hörte ständig Toše Proeski beziehungsweise seine zinzarischen Lieder. Als Ethnologin konnte ich ihm helfen, wir untersuchten die Bräuche der einen, der anderen und der Dritten, besuchten die Tschitschen in der Ćićarija und versuchten in ihren Geschichten zu entdecken, wie sehr sie sich ihrer Vergangenheit erinnern.

Kurzum, die Sache ging so weit, dass er sich bei der letzten Volkszählung auch offiziell als Wlache deklarierte, er ist einer der zwölf Wlachen, die damals in Kroatien registriert wurden. Und ich fing an, eine wissenschaftliche Arbeit über die Wlachen in Kroatien zu schreiben, auch als Ausrede für meine häufigen Reisen nach Istrien. Aber er war verheiratet, er hatte zwei kleine Kinder, und von Tag zu Tag wurde alles immer komplizierter. Denn gerade unmittelbar vor meiner ersten Reise nach Istrien und dem Kennenlernen Dževdžets hatten Damir und ich angefangen, unsere Hochzeit zu planen. Das war etwas, was man erwartete, und unsere Freunde, die Eltern und wir selbst hielten das längst für eine abgesprochene Sache, eine Formalität, die nur noch erledigt zu werden braucht. Und dann begann das Abwägen. Mit Damir war ich schon lange zusammen, wir hatten schon vieles gemeinsam durchgemacht, auch schwierige Situationen, die einen am meisten verbinden, und noch immer fand ich es schön, aber ich schlief jeden Abend mit meinen Gedanken bei Dževdžet ein. Ich fühlte mich eklig, denn Tag für Tag plante ich die Hochzeit und dachte die ganze Zeit an einen anderen. Ich redete mir ein, das ginge vorüber und es gebe keine Chance, dass mit mir und Dževdžet jemals etwas wird. Der Mann lebt in Istrien, ist fast zehn Jahre jünger als ich, ist schon verheiratet … Das sagte ich mir unaufhörlich wie ein Mantra vor, das mich befreien sollte, aber es wurde um nichts leichter. Dževdžet war ebenfalls verliebt und erwähnte immer wieder mal, dass er sich scheiden lassen werde, aber das nahm ich nicht ernst.

Jedenfalls war das für mich eine Zeit des totalen Albtraums. Die Hochzeit kam näher, und ich wurde immer unglücklicher und nervöser. Ich fuhr jeden grob an, der mich ansprach, und allen war klar, dass etwas nicht stimmte. Mir war bewusst, dass ich so mein Leben zerstören würde und dass ich einen Schnitt machen muss, und so setzte ich mich eines Tages in den Bus, fuhr zu Dževdžet und sagte ihm, nachdem wir Sex gehabt hatten, dass dies das letzte Mal gewesen sei, dass ich mich nicht mehr melden werde, weil ich bald heirate. Ich kehrte nach Zagreb zurück und setzte mein tagtägliches Martyrium fort. Bei Dževdžet habe ich mich wirklich nicht mehr gemeldet, er war am Anfang wütend, aber dann hörte er auf, mich anzurufen. Um meinen Entschluss zu unterstreichen und zu bekräftigen, sagte ich Damir, dass ich ein Kind möchte. Und bald war ich schwanger.

Wir heirateten ein paar Monate später, und dann kam auch das Baby. Als Kaja zwei Monate alt war, weckte mich Damir eines Nachts und sagte, er müsse mir etwas sagen. Er hat sich verliebt. Also so etwas, unglaublich, einfach unglaublich! Er hat sich vor der Hochzeit verliebt, ganz plötzlich, kaum dass er sie gesehen hat, aber er hat mir nichts sagen wollen, bevor ich nicht niedergekommen bin. Damit ich mich nicht aufrege und es keine Komplikationen gibt. Jetzt ist das Kind da, wir lieben es beide, aber er liebt mich nicht mehr und geht weg. Er versuchte nicht einmal, es abzumildern. Aber vielleicht geht das auch nicht, vielleicht ist es wirklich am besten so, direkt an den Kopf. Beziehungsweise ins Herz.

Sie schwieg und zündete sich eine Zigarette an, mir schien, dass sie noch einmal abwog, was sie gerade gesagt hatte, dann schüttelte sie den Kopf, als würde sie einen Gedanken verscheuchen, der ihr nicht gefällt, und beeilte sich, ihre Geschichte zu Ende zu erzählen.

– Ich stimme Mladen zu, wenn dir jemand sagt, dass er dich nicht mehr liebt, kannst du nicht von ihm verlangen, dass er weiterhin mit dir zusammen ist, wenn du nicht verrückt oder gewalttätig bist. Ich habe trotzdem versucht zu reden, aber er mochte meinem Versuch, ihn zum Bleiben zu bewegen, nicht zuhören, sondern nahm seine Sachen und ging.

Dann ließ sie ihren Blick über uns hin wandern und sagte: – Am meisten macht mich fertig, dass er die ganze Zeit, während ich mir einzureden versuchte, ich müsse mit ihm zusammenleben, schon wusste, dass er weggehen werde. Während ich meinen wachsenden Bauch gestreichelt und mir gesagt habe, dass ich das Richtige getan habe und dass wir ein wunderbares Kind haben werden, hat er nur die Tage im Kalender abgehakt und auf den richtigen Moment gewartet.

Wieder hielt sie inne, sie schien auf einen Kommentar zu warten, aber als alle schwiegen, fuhr sie nach kurzem Zögern fort: – Wir dachten, dass wir nach sechs, sieben Jahren unsere Beziehung gut kennen, und dabei hatten wir uns eine Parallelwelt geschaffen, von der der andere nicht die geringste Ahnung hatte. Ja, scheiße! Und dann folgt das Paradoxe, das auch mich überrascht hat. Als er gegangen war, war es für mich sehr schwer, er fehlte mir schrecklich. Bis gestern habe ich mir auf alle mögliche Weise eingeredet, dass ich ihn noch liebe, und ich dachte, dass ich ohne ihn nicht leben kann. Ständig redete ich mir ein, dass dieses Gefühl nicht real ist – das kommt daher, weil ich verletzt bin, auch ich liebe ihn nicht mehr … – aber der Schmerz war real. Er erscheint mir auf der Straße, und monatelang habe ich, wann immer jemand geklingelt hat, gedacht, er wäre zurückgekehrt. Und noch immer hat mich dieser Scheiß voll im Griff.

IX.

Ich denke, dass wir erst, als Dora ihre Geschichte zu Ende erzählt hatte, begriffen, auf was wir uns da eingelassen hatten, bisher hatte uns geschienen, dass das nur ein frivoles müßiges Spiel ist, das die gute Stimmung verstärken soll, während wir auf Jonathan Franzen warten. Aber wir fingen uns rasch, nach ein paar Augenblicken völliger Stille begannen wir alle gleichzeitig zu reden.

Die einen unterstützten, die anderen verurteilten, die Dritten analysierten nur kühl, und dann wurde der allgemeine Lärm wieder von Sven unterbrochen, der autoritär bestimmte, dass jeder Kommentar verboten sei, weil dann alles verwässert und verlängert würde und wir nie zu einem Ende kämen. Wenn eine Geschichte erzählt sei, habe die nächste zu folgen, und so, bis wir alle dran waren. – Danach könnt ihr kommentieren, soviel ihr wollt – sagte er. Andrej gefiel das nicht: – Wir sind keine Roboter, du zerstörst die Spontaneität – aber Sven blieb dabei: – Ich bin mir sicher, dass wir uns im gegenteiligen Fall schon nach einer halben Stunde streiten würden. Glaubt mir und hört auf mich, und wir werden uns alle gut unterhalten. Wer ist der Nächste?

Jetzt hob Stanko die Hand, Schriftsteller und Redakteur, aber mehr Redakteur, denn er hatte schon fünfzehn Jahre lang kein Buch veröffentlicht, obwohl er es ständig ankündigt, und so hatte er uns auch an diesem Abend erzählt, was alles drinstehen werde.

– Ich werde etwas aus der Kindheit erzählen – begann Stanko. – Vielleicht ist es nicht wichtig, aber vielleicht sagt es etwas über mich oder sogar über die Menschen universell. Ich weiß es nicht, das müsst ihr beurteilen. Dabei müsst ihr berücksichtigen, dass ich niemals auch nur ein Wort darüber verloren habe, nicht einmal Katarina gegenüber, das bedeutet doch wohl etwas. Aber mich später bitte nicht dafür aufziehen oder darüber schreiben; wenn es wirklich sein muss, gäbe es jemanden, der die Geschichte erzählen könnte. Obwohl ihr ja, wem sage ich das, alle Heuchler seid – sagte er und lachte.

Auch ich musste lachen, denn mir war genau in diesem Augenblick zum ersten Mal der Gedanke gekommen, dass sich dieser Abend in ein Buch verwandeln ließe, wenn die Geschichten gut werden, als er schon fortfuhr: – Meine Geschichte ist eine über den Mut, und über eine gefährliche Neugier. Ich war ungefähr zehn, ich muss in einer der unteren Klassen der Grundschule gewesen sein, wahrscheinlich in der vierten. Mein Unterricht war am Nachmittag, das weiß ich zuverlässig, denn im anderen Fall wäre diese Geschichte nicht möglich, und die, die in die fünfte und höhere Klassen gingen, hatten den Morgenturnus. Wenn ich nach dem Frühstück hinausrannte, machte ich zuerst eine Runde um den Block, aber da fast alle meine Freunde in der Schule waren, war es draußen ziemlich öde und verlassen, und dann ging ich ins Haus zurück, kletterte über das Geländer im Flur und stieg hinauf bis ganz nach oben, wobei ich außen am Rand der Treppenstufen ging, die unter dem Geländer hervorsahen. Ich hielt mich am

Geländer fest und balancierte über dem Abgrund, der in der Finsternis des Kellers endete. In einem leeren Kellerabteil hatten wir ein Lager voller Kartonagen, aber das Herumliegen im Halbdunkel war mir schon langweilig geworden; eine Zeit lang konnte man den Mäusen zuhören, die in den anderen Abteilen wühlten, und die Messer ausprobieren, die wir dort versteckt hatten, und mit ihnen auf eine Zielscheibe werfen, oder von Mädchen träumen, die wir manchmal überreden konnten, ins Lager mitzukommen, aber auch das konnte mich nicht lange ausfüllen. Es war interessanter übers Wochenende, wenn wir gefangene Jungen aus anderen Blocks herbrachten, sie an ein Rohr der Wasserleitung banden und quälten, oder wenigstens so taten, als täten wir das. Ich kann mich nicht erinnern, was die schlimmste Strafe war, aber sicherlich habe nicht ich sie mir ausgedacht, denn ich war einer der Jüngsten, die anderen gingen, wie ich schon sagte, in höhere Klassen. Ich erinnere mich, dass wir einem Jungen die Hose auszogen und ihn so festgebunden in der Finsternis des Kellerabteils zurückließen, mit Hose und Unterhose um die Knöchel. Es wurde Nacht, und er musste rufen, wenn er hier nicht übernachten wollte, aber dann wären die Erwachsenen gekommen und hätten ihn nackt gefunden. Ich weiß nicht, wie das geendet hat, aber ich bin mir ziemlich sicher, dass er schon nach wenigen Stunden wieder draußen war. Und ein paar Mal haben wir so auch Mädchen gefesselt, aus den Nachbarblocks natürlich. Wir haben sie nicht ausgezogen, aber wir haben sie in der Dunkelheit befummelt. Wir haben uns über ihre Jungs lustig gemacht und gefragt, warum sie nicht kommen, um sie zu befreien. Ich war der Kurier, denn ich war der Jüngste und Schnellste. Ich brachte die Botschaften in die Nachbarblocks, fand draußen einen Jungen und diktierte ihm, mit ein paar Metern Abstand, die Bedingungen. Wenn ihr wollt, dass wir sie freilassen, bringt in einer Stunde eine Schachtel Zigaretten, oder so.

Aber an diesem Morgen war in dem Haus niemand außer mir, und nachdem ich auf der Außenseite des Geländers bis ganz nach oben gestiegen war, rutschte ich den metallenen runden Handlauf hinunter, wobei ich völlig außer Betracht ließ, dass ich das Gleichgewicht verlieren und in den Keller hinunterstürzen könnte. Ich glaube mich zu erinnern, dass einmal sogar jemand hinuntergefallen ist, aber vom Geländer im Erdgeschoss, was keine schweren Folgen hatte. Aber ich rutschte vom vierten Stock herunter, ganz bis zum Erdgeschoss, und zählte dabei im Stillen, weil ich sehen wollte, ob ich meinen Schnelligkeitsrekord brechen würde. Nachdem ich diesen Rekord zum wer weiß wievielten Mal gebrochen hatte, sprang ich bei einer halsbrecherischen Kehre irgendwo auf halbem Weg vom Geländer und landete vor der Tür einer Wohnung. Ich weiß nicht, wie mir das gerade während der Abfahrt eingefallen ist, aber vielleicht war es das auch nicht, vielleicht hatte ich nur das Gleichgewicht verloren und mich absichtlich auf die sichere Seite fallen lassen, aber das ist mir erst aufgegangen, als ich mich vor dieser Tür aufrichtete. Jedenfalls habe ich ein paar Augenblicke auf diese Tür gestarrt und mich dann gebückt und durchs Schlüsselloch gesehen. Damals hatten die Schlösser noch diese Schlüssellöcher, durch die man hindurchsehen konnte. Ich war mir sicher, dass da niemand war, denn die Erwachsenen waren auf der Arbeit und mein Freund in der Schule, und ich habe doch hineingesehen, um mich zu überzeugen, dass es drinnen leer ist. Dann habe ich mich gebückt und unter der Fußmatte den Schlüssel gesucht. Ich wusste, dass er dort ist, denn ich hatte viele Male gesehen, wie er ihn nahm, wenn er aus der Schule kam. Ich sah mich um und steckte ihn schnell ins Schlüsselloch, als es klickte, drückte ich die Klinke und ging hinein. Ich weiß nicht, warum, aber mich überraschte die Stille in der Wohnung. Es war ein bisschen gespenstisch, ich wusste, dass niemand da war, aber ich ging langsam, als könnte jeder Schritt todbringend sein, als wäre der Boden morsch und ich könnte einbrechen, wenn ich nicht aufpasse, wohin ich trete.

Ich war viele Male in dieser Wohnung gewesen, aber jetzt sah alles anders aus. Ich hatte Zeit, denn mein Freund kam erst gegen halb zwei aus der Schule, aber wir wohnten in einer Kleinstadt, in der man im Nu von der Arbeit zu Hause ist, um etwas zu holen, und vielleicht habe ich mich deshalb ständig zur Eingangstür umgedreht. Zuerst ging ich in die Küche, dann ins Wohnzimmer, danach ins Schlafzimmer und zum Schluss ins Bad. Ich habe nichts angerührt, nichts genommen, ich bin nur herumgegangen, bin in diese Zimmer hinein, in denen andere Menschen wohnen, wo sie essen, schlafen, duschen, fernsehen ... Ich habe auch mehrere Schränke geöffnet und die Kleidung betrachtet, die zusammengelegt oder hineingeworfen war. Ich habe auch die Nachtschränkchen überprüft, neben dem Kopfende der Betten seiner Eltern, und in einem ein benutztes Kondom gesehen. Ich wusste, was das ist, denn wir haben sie aufgeblasen und mit ihnen im Keller gespielt, aber dieses war noch schleimig, und ich stellte mir vor – das war vor Kurzem in einer Möse, in einer richtigen Möse. Ich stand wie vom Blitz getroffen über dieses Schränkchen gebeugt, es war mir unbegreiflich, dass ich so nahe bei etwas war, das in einer Frau gewesen war. Ich war erst in der vierten Klasse, aber im Keller redeten wir ständig über Frauen und ihre Mösen. Genau genommen hörte ich nur zu, aber deshalb stellte ich mir viel vor. Wenn ich durch die Stadt ging, stellte ich mir vor, ich hätte Röntgenaugen und sähe durch die Hosen und Kleider der Frauen, die mir entgegenkamen, hindurch. Und wenn ich mich abends ins Bett legte, versuchte ich mir die Mösen aller Frauen vorzustellen, die ich kannte. Jetzt stand ich über etwas gebeugt, das eine von ihnen berührt hatte, aber mein Herz klopfte auch, weil ich Angst hatte, dass jemand kommen könnte, und so riss ich mich schnell von diesem Nachttisch los und setzte meine Runde fort.

Eigentlich war es keine Angst, eher war es Aufregung. Ich erinnere mich an Erregung, nicht an Panik, obwohl ich mir heute nicht vorstellen kann, etwas Ähnliches zu tun. Die Angst würde mir die Kehle zuschnüren. Das kommt wohl von dem Bewusstsein möglicher Folgen. Jedes Mal erschrecke ich, wenn ich mir vorstelle, was passiert wäre, wenn sie mich in der Wohnung erwischt hätten, wie ich das erklärt hätte und wie viel Schläge ich von meinen Leuten gekriegt hätte, und ich denke, dass mich auch die anderen Leute danach anders angesehen hätten. Aber ich erinnere mich, ich erinnere mich genau an diese Schritte, an dieses Kind, an die Stille und an das Herz, das hämmert. Vor Aufregung, nicht vor Angst, sage ich. Es fällt mir schwer zu beschreiben, was ich gedacht und gefühlt habe, aber ich denke, dass ich damals zum ersten Mal geahnt habe, was für ein Mysterium das Leben ist. Alle diese

Leben spielen sich eines neben dem anderen ab. Parallel, nebeneinander, ohne Kontakt ... und dass ich damals in etwas hineingesehen habe, was verborgen war, wenn ich sonst bei ihnen war.

Dann legte ich das Ohr an die Tür, um zu hören, ob jemand im Flur ist, und ging schnell hinaus und schloss ab. Später habe ich das noch mehrere Male wiederholt, in anderen Wohnungen, aber es war nicht mehr so wunderbar.

X.

– Mir ist heute etwas Ähnliches passiert – sagte ich, kaum, dass Stanko seine Geschichte beendet hatte. – Gleich und doch völlig verschieden, aber ich bin heute durch eine leere fremde Wohnung gegangen und verstehe, was du sagst. Während Stanko erzählte, hatte ich mich natürlich erinnert, wie ich gut zehn Stunden zuvor selbst Schränke und Schubladen geöffnet und den Wäschekorb durchsucht habe. Ich war eigentlich gekommen, um den Wohnungsschlüssel der Frau zurückzubringen, mit der ich versucht hatte zusammenzuleben, nachdem ich meine Familie verlassen hatte, ich wollte nur hineingehen, ihn auf das Tischchen im Flur legen und hinausgehen, aber es war nicht so. Irgendwo unter dem Ganzen habe ich vielleicht auch etwas von Stankos Gefühlen empfunden, dass du durch ein fremdes Leben gehst, aber dieses war bis gestern auch meines gewesen, und das, was ich sah, hatte mich dazu gebracht, den Entschluss, den ich gefällt hatte, noch einmal zu hinterfragen. Als ich mich aufs Bett legte, habe ich kurz gedacht, dass ich nicht aufstehen werde, dass ich so warten werde, bis sie von der Arbeit kommt, aber genau genommen war das nur ein Reiz des ohnehin überreizten Gehirns. Obwohl ich es mir selbst verboten hatte, habe ich mich, das gebe ich zu, in der Wohnung umgesehen, ob es Spuren eines anderen gibt, ob sie vielleicht schon ein neues Leben begonnen hat. Dabei war ich, während ich durch die

Wohnung ging, auch sehr distanziert, wie eine Kamera, die auf Schienen fährt und aufnimmt, und gleichzeitig tief erschüttert.

Ich taumelte in dieser Erinnerung herum und kam endlich zu dem Schluss, dass es das Beste sei, wenn ich ihnen das erzähle und so meine Aufgabe erfülle, und kündigte es ihnen fast wie eine feierliche Verkündigung an: – Ich habe heute definitiv mit dem Mädchen Schluss gemacht, wegen dem ich mein Leben zerstört und mich habe scheiden lassen, und bin deshalb ein wenig im Arsch. Und dann erzählte ich ihnen von meinem nachmittäglichen Streifzug durch Anjas Wohnung.

Einige im Raum wussten, dass wir vor gut zehn Monaten Schluss gemacht hatten und dass ich jetzt zur Untermiete wohnte, aber auch, dass ich meiner Ex den Kredit für das Haus zahle, in dem sie mit den Kindern weiterhin wohnt. Und dass ich unlängst noch einen aufgenommen hatte, um mir selbst eine Wohnung zu kaufen, aber jetzt nicht genug zum Renovieren habe. Ein paar von ihnen habe ich das auch regelmäßig berichtet. Anfangs haben sie mich getröstet, denn es war schwer für mich wegen der Kinder, später hörten sie auch von allen Problemen, die aufgetreten waren, seit Anja und ich versuchten zusammenzuleben, und ausführlich hatte ich sie über die letzte Trennung informiert. Aber niemand wusste, dass wir uns zeitweilig noch immer sahen. Noch immer hatte ich den Schlüssel zu Anjas Wohnung und übernachtete auch manchmal bei ihr, selbst wenn sie nicht zu Hause war. Aber das hatte ich niemandem gesagt, ich schämte mich nach so vielen Trennungen und erneuten Versuchen. Alle hatten uns längst geraten, endgültig Schluss zu machen und aufzuhören, uns zu zerfleischen, aber wir konnten nicht aufhören, wohl deshalb, weil wir zu viel investiert hatten. Und so versuchten wir es ständig von Neuem und verwundeten uns aufs Neue und verbargen das am Ende sowohl vor meinen als auch vor ihren Freunden. Jetzt hatten wir uns schon drei Monate nicht gesehen und auch nicht gehört, aber dieser Schlüssel war ständig in meiner Tasche, und ich nahm ihn manchmal in die Faust, wenn ich mit den Händen in der Tasche durch die Stadt ging. Und verspürte Erleichterung.

Nachdem ich ihnen erzählt hatte, dass ich an diesem Nachmittag eine Zeit in ihrer Wohnung verbracht hatte, versuchte ich ihnen auch mein Verhalten im letzten Jahr zu erklären, auch mein Herumheulen auf dem Küchenboden auf dem Bauch liegend, während sie mir verwirrt zusieht, um deutlich zu machen, wie schwer es für mich war zu akzeptieren, dass die Beziehung nicht funktioniert, wegen der ich alles, was ich im Leben hatte, zerstört hatte. Ich wollte ihnen sagen, dass ich deshalb fast gestorben wäre. Aber ich tat es nicht, während ich erzählte, wurde mir bewusst, wie banal das alles klingt. Und dann dachte ich, dass es deshalb so ist, weil es ja wirklich banal ist, es passiert unaufhörlich, vielen. Und so sagte ich es auch.

– Das stimmt, aber das bedeutet nicht, dass es weniger wehtut, verdammt noch mal – sagte Sven.

– Aber dann ist auch der Tod banal – mischte sich Andrej ein, der immer für eine neue Diskussion zu haben war.

– Alles hängt von der Perspektive ab, für den, der stirbt, ist er es nicht – entgegnete Sven.

– Aber heute bin ich in ihre Wohnung gegangen und habe den Schlüssel endgültig zurückgebracht. Und deshalb müsst ihr jetzt alle sehr interessant sein, damit ich mich nicht mit Alkohol und Drogen umbringen muss. Besser, wenn ihr mich mit euren Geschichten erschlagt – sagte ich und lachte.

XI.

– Mein Mann hat euch etwas erzählt, was nur auf den ersten
Blick heikel ist, und dabei hat er auch noch alles in Zellophan
verpackt – meldete sich jetzt Katarina zu Wort. – Vielleicht ist
er nur ein Voyeur, da gibt es kein Mysterium. Noch immer
liebt er es, durch Fenster in fremde Wohnungen zu sehen. Er
wollte auch einen Roman darüber schreiben, über die Menschen in diesen Wohnungen, er wollte von dem ausgehen, was
er aus unserem Zimmer sieht, während er im Dunkeln sitzt,
und dann ihre Leben dazuerfinden, die nebeneinanderher laufen, ohne dass sie eine Ahnung davon haben, was ihn, wie ihr
gehört habt, schon als Kind fasziniert hat. Und er sieht sie alle,
er sieht, dass sich der ältere Mann einen Porno reinzieht und
masturbiert, nachdem seine Frau aus der Wohnung gegangen ist, und dass sich zur selben Zeit das Paar, das über ihm
wohnt, streitet, während der Mann über ihnen immer allein
ist, nie gibt es jemand anderen in seiner Wohnung. Er hat sich
sogar ein Fernglas angeschafft, wegen der Recherchen für das
Buch, aber meine Beine waren voller blauer Flecken, denn
ich durfte das Licht nicht anmachen, wenn ich ins Zimmer
kam, damit die Nachbarn ihn nicht mitkriegen, und so bin ich
unaufhörlich an die Bettkante gestoßen. Aber dann hat er
Gryttens *Bienenstocklied* gelesen und war sehr enttäuscht, dass
ihm jemand die Idee geklaut hat, bis ihm einfiel, dass er eine
Geschichte über uns schreiben könnte, die wir auf dieser Seite

des Fernglases leben, über einen Mann, der die Nachbarn durchs Fenster beobachtet und über sie schreibt, und eine Frau, die in der Dunkelheit sitzt und mit ihm redet beziehungsweise ihn darauf aufmerksam macht, dass sie allmählich zugrunde gehen. Das werdet ihr vielleicht einmal auch lesen können, nachdem er es noch hundert Mal überarbeitet hat.

Im Unterschied zu ihm werde ich euch eine Geschichte aus der Gegenwart erzählen, eine Geschichte, wegen der ich in die Bredouille gekommen bin. Ich habe genau deshalb draufgezahlt – betonte Katarina –, weil ich etwas erzählt habe, was ich jahrelang nur für mich behalten habe. Und deshalb ist diese Aufgabe für mich schwer, die ganze Zeit, während ich euch zuhöre, überlege ich, ob ich es euch erzählen oder mir einfach etwas ausdenken soll. Ich gehe davon aus, dass auch andere sich etwas ausdenken werden. Eine Sekunde zuvor habe ich noch gedacht, dass ich erzählen werde, wie mich ein Paar versucht hat zu vergewaltigen, als ich ein Teenager war, sie haben mich mit dem Auto mitgenommen und wollten mich dann nicht rauslassen, aber jetzt will diese andere Geschichte aus mir heraus. Oder auch nicht, für euch ist es leichter, Speed löst die Zunge, aber ich nehme nichts, weder Speed noch Alkohol.

– Ach komm, du bist als Kind in einen Kessel gefallen, in dem Met gekocht wurde, wie Obelix, und deshalb brauchst du bis an dein Lebensende nichts zu nehmen – unterbrach Magdalena sie fröhlich, vielleicht auch deshalb, weil ihr diese Einleitung allzu schwermütig vorkam.

– Ja, ich könnte auch das erzählen, aber manche von euch kennen es schon. Es ist nichts Ernstes, Sven, als ich ein paar Jahre alt war, habe ich im Schlafzimmer der Eltern so hübsche

Lutscher gefunden, und sie sind in Panik geraten, als sie sahen, dass ich an ihnen lecke. Das ist nur ein Familienmythos, auf den sich meine Freunde berufen, wenn ich etwas Seltsames mache oder etwas, von dem sie denken, dass es seltsam ist. Wenn ich zum Beispiel einem Schrank von Mann zu Leibe rücke, der auf der Straße seine Frau schlägt. Ich werde euch etwas Ernsteres erzählen, genau genommen werde ich euch zwei Geschichten erzählen. Kann ich zwei, Sven?

– Guuut, kannst du – sagte er lang gezogen mit einer seltsamen Grimasse, als wäre er beim Kleben eines neuen Joints mit der Zunge auf einen kleinen Dorn gestoßen.

– Ihr wisst alle, dass Stanko und ich schon mehr als zehn Jahre zusammen sind. Ich habe ihn auf einer Konferenz kennengelernt, auf der ein Saal voller Leute eine halbe Stunde auf ihn gewartet hat, aber mir gefiel, wie er hereinkam und Platz nahm. Er entschuldigte sich ohne Worte, nur mit einem Lächeln und einer Grimasse und war zu hundert Prozent präsent. Bis heute versuche ich ihm beizubringen, nicht zu spät zu kommen, aber wäre er damals nicht zu spät gekommen, wären wir vielleicht gar nicht zusammen. Diese Kleinigkeit hat genügt, um in mir etwas auszulösen. Damals war gerade seine Ehe zerbrochen, und ich musste mir ziemliche Mühe geben, um ihn wieder auf die Beine zu bringen. Aber das fiel mir nicht schwer, ich hatte mich verliebt, und das füllte mich ganz aus. Ich fand für ihn eine Wohnung zur Miete, er war so verzweifelt, dass er selbst nicht dazu imstande war, aber als er nach einem Jahr feststellte, dass er sich dort schrecklich fühlte, habe ich eine andere, bessere, gefunden, in der er sich wohlfühlte. Und mit uns ging es immer besser. Zum ersten Mal nach vielen, vielen Jahren schien ich jemanden an meiner Seite zu haben, der mich versteht. Der nichts falsch versteht. Dem du auch etwas erzählen kannst, wofür du nicht die richtigen Worte findest, aber er findet sie. Zuerst erklärte ich ihm des Langen und Breiten, warum meine Ehe gescheitert war, was in ihr gefehlt hat. Er erzählte mir von seiner, und so befanden wir uns auf demselben Terrain. Und hatten viel Verständnis füreinander.

– Ich bin mir nicht sicher, dass mir das hier gefällt – unterbrach Stanko sie. – Ich denke nicht, dass man die Leute in unsere Probleme hineinziehen sollte, du missbrauchst die Situation.

– Ich missbrauche gar nichts. Welch abscheuliches Wort. So richtig … offiziös. Aber ich bin, wie es verlangt wird, bereit, zwei Sachen zu erzählen, die ich niemals jemandem erzählt habe, genau genommen eine, die ich nur dir, und eine, die ich niemandem erzählt habe.

– Dann erzähl und hör auf, unsere Beziehung zu analysieren.

– Stanko, lass sie erzählen – warf Sven ein, der sofort wach geworden war. – Heute Abend überschreiten wir die Grenzen. Wir wissen, dass nichts umsonst ist. Und dass es auch ein bisschen wehtun muss. Aber du bist stark und wirst aushalten, was sie sagt. Wenn du willst, werde ich einen Joint nur für dich drehen.

– Ach, soll sie doch erzählen, ich habe keine Ahnung, was sie erzählen wird, aber ich sehe schon, in welche Richtung das geht, ich jedenfalls habe keine Lust, am Schorf zu kratzen.

– Ich muss vorher ein paar Sachen erzählen, damit ihr versteht. Außerdem habe ich nichts Schlechtes gesagt – gab Katarina schnell zurück und fuhr fort: – So haben wir Nacht für Nacht verbracht. Nach dem Sex lagen wir nackt und entspannt auf dem Bett, und ich redete über alles, woran ich mich erinnern konnte. Er konnte nicht nur zuhören, sondern war auch schrecklich neugierig, fragte mich über all diese Sachen aus, bis er auch das letzte Detail aus mir herausgesogen hatte. Er sagte, dass er jedes Detail kennen möchte, das mich zu der gemacht hat, die ich bin, und wenn ich ihm alles erzähle, scheint ihm, als hätte er alles gemeinsam mit mir erlebt. Ich habe ihm auch verraten, dass ich mich an der Uni in eine kranke Beziehung verstrickt hatte, derer ich mich noch heute schäme. Alle Einzelheiten. Ich schämte mich, dass ich zugelassen hatte, dass es sich so weit entwickelt, aber auch das verstand er. Es vergingen mehrere Jahre, und wir lebten schon zusammen, als ich mich entschloss, ihm auch die wichtigste Geschichte meines Lebens zu erzählen. Die ich bisher niemandem erzählt hatte. Mir schien, dass er mich ohne sie nicht richtig kennen könne, und ich wollte ihm zeigen, wie sehr ich ihm vertraue und wie sehr ich ihn liebe. Aber es fiel mir nicht leicht. Alle hier haben ähnliche Sachen studiert, die meisten etwas an der Philosophischen, und wir sind solchen Geschichten gegenüber misstrauisch. Ich wusste, ich würde, wem immer ich sie erzähle, Skepsis und Argwohn damit hervorrufen. Was ich erlebt habe, war so extrem, dass man denken könnte, ich lüge oder ich bin nicht normal. Ich war der Meinung, niemanden davon überzeugen zu müssen, dass sich das wirklich ereignet hat, und dass ich es am besten gar nicht erwähne. Der zweite Grund ist ein abergläubischer. Mir schien, dass unser Darüber-Reden das Geschehene irgendwie herabsetzen, ja beschmutzen würde.

Katarina schwieg abrupt, um nach ein paar Sekunden fortzufahren, nur leiser: – Gut, ich gebe zu, irgendwo in einem Winkel meines Gehirns hatte ich die Befürchtung, das Aussprechen der ganzen Sache werde sie vielleicht auch annullieren. Aus allen diesen Gründen war ich schon lange zu dem Schluss gekommen, dass es das Beste sei, zu niemandem darüber zu sprechen und es für mich zu behalten. Aber dann passierte mir Stanko, und ich vergaß meine Vorsicht, ich dachte, dass ich ihm das sagen müsse, denn ich kann einem Menschen, der mich liebt, einen so wesentlichen Teil von mir nicht verheimlichen. Und dass er es sicher verstehen wird.

Und ich erzählte es ihm. Noch jetzt erinnere ich mich an jedes Detail dieses Tages. Wir saßen in einem Café auf dem Cvjetni. Er saß zu mir geneigt und hielt meine Hand unter dem Tisch, als ich tief Luft holte und begann: „Ich habe dir nie gesagt, dass ich sehr krank war. Vor langer Zeit, noch an der Uni. Ich war am Meer und fühlte mich schrecklich schwach, ich dachte, es wäre eine Virusinfektion, aber als ich nach Zagreb zurückkehrte, ging die Schwäche nicht vorbei. Ich ging zum Arzt, er schickte mich zu diversen Untersuchungen, und am nächsten Tag rief er an, ich solle wiederkommen, sie hätten offenbar etwas falsch gemacht. Sie müssten es wiederholen. Ich ging hin und ließ mir wieder Blut abnehmen. Am Nachmittag sagten sie mir, ich hätte Krebs.

Ich bekam sofort eine Chemotherapie, aber davon wurde mir nicht besser. Im Gegenteil, ich wurde immer schwächer, und bald konnte ich nicht einmal mehr den Arm heben. Meine Eltern versuchten mir Mut zu machen, du bist jung, du bist stark, du kommst da raus, aber ich war so schwach, dass ich nicht einmal mehr die Augen öffnen mochte. Nachdem die Chemotherapie beendet war, war ich beim Arzt, und er sagte mir, dass sie leider nicht erfolgreich gewesen sei, dass die Befunde noch schlechter seien. Ich fragte ihn – wie lange noch, und er antwortete – vielleicht drei Monate.

Ich kehrte völlig verzweifelt nach Hause zurück. Ich wollte keine zweite Chemotherapie, weil es mir von der ersten schlechter gegangen war. Ich legte mich ins Bett, und es wurde von Tag zu Tag schlimmer. Ich hatte erst zu studieren begonnen und konnte nicht hinnehmen, dass bald alles vorbei sein würde, aber die Müdigkeit in meinem Körper war schrecklich. Manchmal so entsetzlich, dass ich nur wollte, dass alles zu Ende geht, egal wie. Neben meinem Bett lag die ganze Zeit Zigi, monatelang wollte er nicht aus dem übelriechenden Zimmer heraus, in dem alles mit dem Geruch von Medikamenten, Schweiß und Krankheit imprägniert war. Ich glaube, ich habe irgendwo gelesen, dass Hunde den Krebs riechen können. Ich weiß nicht, was er gerochen hat, aber ich weiß, dass er mit mir zusammen kämpfte. Und wenn ich anfing zu faseln und zu stöhnen, bellte er und machte meine Leute darauf aufmerksam, dass es mir nicht gut geht. Natürlich waren meine Eltern ständig da, aber mir schien, dass mich gerade dieses Hundewesen mit seinen Zähnen über dem schwarzen Loch festhält und nicht zulässt, dass ich untergehe. Und dann eines Nachts, vielleicht war es im Traum oder im Delirium, im Fieberwahn, sah ich ein Licht.

Das ganze Zimmer war von weißem Licht erfüllt, und dann begann sich in diesem Licht die Gestalt eines Menschen abzuzeichnen. Er deutete mit den Händen, ich solle kommen, und ich bin aufgestanden und auf ihn zugegangen. Ich habe nicht überlegt, ich war nicht erschrocken, ich bin nur in dieses Licht hineingegangen. Als ich bei ihm war, umarmte er mich und sagte: Hab keine Angst, es wird alles gut.

Und wirklich, am Morgen, als ich erwachte, fühlte ich mich viel besser, als wäre die ganze Schwäche verschwunden. Ich zog mich an und sagte zu den Meinen, dass ich an die Luft gehe, und sie konnten es nicht glauben. Sie wollten mit mir mitgehen, und ich konnte sie kaum davon überzeugen, dass ich okay bin und dass alles in Ordnung ist. Ich fühlte mich, als wäre ich nie krank gewesen. Und so begann ich mich auch zu verhalten, ich ging wieder aus, traf mich mit Leuten, ging auf Partys, nur wollte ich nie ins Krankenhaus zur Kontrolle. Ich hatte Angst, dass sie mir sagen, das sei nur vorübergehend, die Krankheit sei noch da. Meine Eltern wunderten, freuten und ängstigen sich, alles gleichzeitig. Und bedrängten mich, ich solle zur Kontrolle gehen. Ich müsse es tun. Und so bin ich eines Tages ins Krankenhaus gegangen, mit einer Angst, die sich nicht beschreiben lässt. Aber als alle Befunde vorlagen, sagte der Arzt, er wisse nicht, was geschehen sei, aber die Krankheit sei nicht mehr da.

Ja, bisher hatte ich von diesem nächtlichen Besuch niemandem erzählt. Weder den Eltern noch dem Arzt. Aber ich hatte das Gefühl, dass ich es dir erzählen muss – sagte Katarina zu Stanko gewandt und sah dann wieder vor sich hin.

– Als ich ihm das erzählt hatte, drückte er mich zuerst an sich, hielt mich nur so und küsste mein Haar und fragte dann nach ein paar Minuten Stille: „Wer war dieser Mensch, der dich umarmt hat, hast du ihn erkannt?"

„Jesus", sagte ich, „es war Jesus."

„Hat er noch etwas gesagt", fragte er.

„Er hat nichts gesagt, aber er hat mir gedeutet. Ich habe genau gesehen, wie alles geordnet ist, wie alles auch weiterhin existiert, Vergangenheit und Zukunft, dass alles simultan existiert, das, was geschehen war, ebenso wie das, was nicht geschehen war. Das war ein Blick, ein Augenblick, in dem mir war, als würde ich alles sehen, alles wissen, alles verstehen, ein Blick, der meine Beziehung zur Welt verändert hat."

– He, ich habe es auch gesehen – hielt Sven es nicht aus – fast komplett dasselbe, als ich in Ljubljana DMT genommen habe. Alles wird kristallklar, du kapierst die ganze Welt, verdammt noch mal. Keine andere Droge wirkt so.

Dieses Mal mussten wir Sven zum Schweigen bringen, und jemand fragte, was Stanko noch gesagt habe, als Katarina ihm das erzählt hatte.

– Er stellte mir viele Fragen, er wollte so viel wie möglich davon hören, was ich und wie ich es gesehen habe, aber das ist sehr schwer zu beschreiben. Die Hauptsache war, es hat ihn interessiert. Er war neugierig. Und er tat nicht verächtlich oder ironisch. Und mir war leichter, weil ich es endlich jemandem erzählt hatte.

– Na gut, wo ist das Problem?

– Auch ich habe es nicht sofort gesehen. Natürlich war ich glücklich, dass ich es ihm anvertraut hatte, aber allmählich begann ich zu erkennen, dass sich sein Verhältnis zu mir veränderte. Und als wir schon am Ende waren – jetzt wisst ihr es, wir haben vor Kurzem die Scheidung eingereicht –, also, als ich anfing, intensiv darüber nachzudenken, wie und wann es mit uns den Bach runtergegangen ist, habe ich begriffen, dass es dieser Augenblick war.

– Tatsächlich? Aber warum? Wieso das jetzt? – war Franka schockiert, und ich dachte, dass mir schon lange geschienen habe, dass zwischen den beiden etwas nicht stimmt. Aber dieser Eindruck war nicht so stark gewesen, um ihn mit jemandem zu teilen.

– Ich weiß nicht, ich habe nie mit ihm darüber gesprochen, jetzt hat er es zum ersten Mal gehört, aber ich bin mir fast sicher, dass ich recht habe. Ich denke, dass er mir glauben wollte, aber der rationale Atheist in ihm konnte das einfach nicht verdauen. Und wenn er an der Geschichte zweifelte, von der ich ihm gesagt hatte, dass mit ihr mein Leben steht und fällt, dann hatte für ihn auch alles andere, was ich ihm erzählt hatte, seine Glaubwürdigkeit verloren. Ich denke, dass er dagegen ankämpfte, dass er sich selbst glauben machen wollte, dass er offen genug ist, um das als eine Möglichkeit zu akzeptieren, aber der Kloß in ihm wurde immer größer. Er konnte mich nicht davon überzeugen, dass das nicht geschehen war, weil die Sache zu groß war, ich hatte die Befunde von davor und danach, und er versuchte das irgendwie in sein System einzubauen – es anhören, aber nicht annehmen, es respektieren, aber keinen Schluss daraus ziehen, der seine Überzeugung ändern würde. Den Schluss ziehen, dass es sich vielleicht um Autosuggestion gehandelt hat, dass die Heilung das Resultat von etwas anderem ist … Ich weiß, dass ihm alles Mögliche durch den Kopf ging. Aber ich habe mit dieser Geschichte genau genommen nichts von ihm gefordert, am wenigsten, dass er sich ändert, ich wollte nur, dass er es weiß, dass er mich zur Gänze kennenlernt. Aber ich denke, dass er, obwohl er dagegen ankämpfte, nach dieser Geschichte anfing, alles in Zweifel zu ziehen, was ich ihm erzählt hatte. Das war eine Art Wurm, der an allem nagte. Vielleicht war ihm deshalb auch dieses Paar verdächtig geworden, das mich vergewaltigen wollte. Und die Lutscher meiner Eltern … Und ich bin überzeugt, dass wegen dem alles angefangen hat zu zerfallen. Auch dass ich ihn immer mehr geliebt habe, hat nicht geholfen. Auf jede mögliche Weise hat er sich gegen diese Liebe gewehrt. Dieser Zerfall dauerte Jahre, und ich versuchte alles, um ihn zu verhindern, aber meine Worte konnte ich nicht zurücknehmen. Deshalb habe ich jetzt beschlossen, sie erneut auszusprechen. Vielleicht wirkt diese Geschichte jetzt, wo sie erneut erzählt ist, anders. Vielleicht befreiend.

Als Katarina schwieg, drehten wir uns alle zu Stanko um. Aber auch er schwieg.

– Sag etwas – sagte Sven. – Ich weiß, dass wir verabredet haben, keine Diskussionen über die Geschichten zu führen, aber diese ist nicht fertig ohne deinen Kommentar.

– Ich werde nichts kommentieren. Und ich denke nicht, dass diese Geschichte in irgendeiner Weise zu unserem Ende geführt hat. Außerdem habe nicht ich die Scheidung verlangt, sondern sie. Aber ich werde hier nicht unsere Beziehung sezieren.

– Ja, das habe ich getan, aber erst, nachdem ich gesehen habe, dass du völlig aufgegeben hast und dass ich nichts mehr tun kann, um uns zu retten. Du hast nur gewartet, dass auch ich aufgebe.

– Ich möchte vor ihnen nicht mehr darüber reden – sagte Stanko leise, stand abrupt auf, ging zu Katarina und senkte seinen Kopf hinunter zu ihrem, bis sich ihr Haar berührte.

– Der zweite Hauptsatz der Thermodynamik – platzte Andrej heraus, der die ganze Zeit, während Katarina erzählte, die Augen geschlossen hatte, sodass ich dachte, er würde schlafen. Nachdem mehrere von uns laut gerufen hatten: – Was!? – gab er zur Antwort: – Jedes geordnete System tendiert zur Entropie, die kleinste Bewegung reicht aus, um alles auseinanderfallen zu lassen. Wenn das für das gesamte Universum gilt, gilt es auch für menschliche Beziehungen.

XII.

– Ich werde euch erzählen, warum ich kein Facebook habe –
sagte Tomo. – Ich denke, dass ich der Einzige hier bin. Ich
weiß, dass sogar Sven es hat, obwohl er es selten nutzt. Dass er
auf keine einzige Nachricht im Messenger antwortet, aber
manchmal lässt er dort die ganze Nacht Musik laufen, wenn
er sich mit etwas herumschlägt. Oder wenn ihn etwas herum-
geschlagen hat. Ein paarmal habe ich zugehört, stundenlang,
Lied für Lied. Und das war keine schlechte Nacht. Viele von
euch haben mich gefragt, warum ich mich gelöscht habe,
und ich habe immer nach Ausflüchten gesucht. Die Wahrheit
hätte schal geklungen, und so bin ich ihr ausgewichen. Aber
ich habe auch nicht gelogen. Facebook erinnert dich ständig
daran, wie schlecht die Menschen sind. Das kann ein guter
Grund sein, um sich zu löschen. Alles, wovor ich das ganze
Leben schon flüchte, stürzt dort tagtäglich auf mich ein, und
warum soll ich mich dem aussetzen? Mir kommt das Kotzen
vor lauter Heuchelei und Selbstreklame, aber um ehrlich zu
sein, ist das nur zu einem kleineren Teil der Grund, weshalb
ich mich gelöscht habe. Der wahre Grund ist Ivana.

Um das verständlich zu machen, muss ich euch auch alles
erzählen, was vorher war, beziehungsweise die bizarre Geschichte, die sich irgendwie all die Jahre durch unsere Beziehung zog. Ihr wisst, dass sie damals, als wir miteinander etwas
anfingen, verheiratet war. Ständig haben wir uns vor ihrem

Mann versteckt, meistens in meinem Auto, in dem Wäldchen am rechten Ufer der Save, zwischen Fluss und Damm, nahe der Jankomir-Brücke. Wir waren oft dort, aber eines Abends geschah etwas absolut Ungewöhnliches. Wir waren beim Sex, und sie sah über meine Schulter hinweg, am Fenster, irgendwelche Augen und bedeckte schnell ihre Augen mit der Hand. Als ob er sie so nicht sehen könnte, und als ob es gerade die Augen wären, die er sehen wollte. Als ich mich zu ihm umdrehte, flüchtete er ins Gebüsch. Nach wenigen Minuten war er wieder da, die Nase an die Scheibe gedrückt. Sie bedeckte wieder ihre Augen, ich sah ihn wieder an, und er flüchtete wieder. Das nächste Mal dachte ich ernsthaft daran, aus dem Auto auszusteigen und ihm nachzurennen. Aber davor hätte ich mich anziehen müssen, wollte ich ihm nicht nackt nachlaufen. Und Schuhe anziehen. Aber er wäre bis dahin schon von der Bildfläche verschwunden, und es lag auch überall Matsch, und ich hatte nicht unbedingt Lust, darin herumzustapfen, und da sagte ich ihr, sie solle zum anderen Fenster sehen, dort sei keiner. Sie hörte auf mich, und irgendwie brachten wir die Sache zu Ende. Dann rauchten wir eine Zigarette und zogen uns an ... Aber als ich den Schlüssel drehte, war nichts zu hören, kein Fünkchen Strom in der Batterie, und wir waren außerhalb der Stadt, im Dickicht am Flussufer, zwei Kilometer von der nächsten Straße entfernt. Und sie wurde natürlich zu Hause von ihrem Mann erwartet.

Ich rief mehrere Freunde an, aber keiner hatte ein Starthilfekabel. Andrej schlug vor, eines kaufen zu gehen, aber er kletterte gerade auf dem Sljeme herum, und bevor er unten in der Stadt wäre, in einem Geschäft, und damit aufgetaucht wäre, wären mehrere Stunden vergangen, aber so viel Zeit hatten wir nicht. Jedenfalls danke, Andrej – Tomo lachte und sah ihn an – das war sehr nett von dir.

Andrej hob nur sein Glas, und Tomo fuhr fort: – Ich dachte auch daran, ein Taxi zu rufen, aber wer wäre bereit, in diese Einöde zu kommen, und wie würde ich ihm überhaupt erklären, wo ich bin, und was wäre mit dem Auto, wer weiß, was von ihm bis morgen übrig wäre. Ich meine, der Wald war voll von diesen Typen.

Ich wusste nicht, was ich tun sollte, ihr Handy fing gerade an zu summen und ihre Augen waren voller Panik, aber dann hörte ich das Brummen eines Motors, und schnell lief ich aus dem Wald heraus vor das Auto, das langsam eine Wiese überquerte. Ich sprang hoch und schwenkte die Arme, und als er anhielt und die Scheibe runterdrehte, fragte ich ihn, ob er vielleicht ein Starthilfekabel habe. In diesem Augenblick erkannte ich ihn – der Spanner! Wir schwiegen und sahen uns in die Augen, und dann sagte er, er habe keines, aber nicht weit weg, bei der Brücke, gebe es eine Baufirma mit Wagenpark, da könnten wir hinfahren und fragen. Ich dankte ihm und ging sie holen, denn die Nacht fiel ein, und ich konnte sie nicht allein lassen, während ringsum diese Wichser patrouillierten.

Aber sie war jetzt, wieder bekleidet, viel mutiger. Dreister. Sie haute sich ins Auto wie die Russen in Berlin, die Tür fiel fast ab, als sie sie zuknallte, aber unser Fahrer senkte gesittet den Blick. Und sie ließ nicht nach, rachedurstig suchte sie im Rückspiegel seine Augen, er sah zur anderen Seite, aus dem Fenster, und ich kommentierte halblaut, dass es seltsam sei, wie viel Sicherheit dir ein Stück Kleidung gibt. Beide taten so, als hätten sie mich nicht gehört, und das Auto war von Unbehagen erfüllt, das sich erst legte, als wir den erstbesten Lkw-Fahrer nach einem Kabel fragten.

Er hatte keines, auch der zweite nicht, und der dritte verwies mich zur Garage, dass ich dort fragen solle. Bevor ich ausstieg, sah ich noch einmal zu den beiden hin und kam zu dem Schluss, dass sie viel entspannter aussah als er. Als ich zurückkam, mit dem Kabel, erklärte er ihr gerade, dass er nicht verstehe, wie die Menschen so unaufmerksam sein und das Licht eingeschaltet lassen können, und ich sagte, dass er mir das auch hätte sagen können, während er ums Auto herumgeschlichen war, und dass wir uns all das erspart hätten.

Wieder schwiegen wir und sagten bis zu dem Wäldchen nichts, außer dass er zwei, drei Mal den Kopf schüttelte, als würde er sich noch immer über meine Unverantwortlichkeit wundern. Als wir zum Auto kamen, tauchte ein neues Problem auf, es war zwischen den Bäumen geparkt, und er konnte seines nicht daneben stellen, um mir Strom zu geben.

„Wir müssen schieben", sagte er.

„Aber ich habe eine Infektion", murmelte ich. Tatsächlich hatte ich etwas Temperatur. Den ganzen Tag hatte sie mich gequält, und nach all dem konnte ich mich kaum auf den Beinen halten. Der Mann schüttelte wieder den Kopf und begann zu schieben.

Sie schloss sich uns an und schob in Stöckeln, und er rief: „Und jetzt! Schiiiieben!", und mit aller Mühe brachten wir das Auto wirklich aus dem Schlamm heraus.

Danach musste man noch die Kabel anschließen, was ich natürlich nicht konnte, denn es waren irgendwelche komischen antiken, aber er löste auch dieses Problem, und das Auto fing bald kräftig an zu brummen. Wir sahen uns kurz an, lächelnd, er schüttelte noch immer den Kopf, ich brachte den Motor auf Touren, sie applaudierte … Und dann sprang sie hinein, und wir fuhren los Richtung Stadt, unserem Retter fröhlich zuwinkend.

– Super Geschichte – sagte Sven lachend. – Endlich etwas Fröhliches.

– Ich weiß nicht, was daran fröhlich ist – fiel sofort Franka ein.

– He, ihr beiden, das ist nicht alles. Das ist nur der Anfang. Ein Jahr später verließ sie ihren Mann, und wir zogen zusammen. Ständig mischte sich ihr Ex in unser Leben ein, bat sie zurückzukehren und drohte mit Selbstmord, aber wir waren verliebt und glaubten, wir können alles aushalten, was sich uns in den Weg stellt. Eines Tages kam sie von der Arbeit und warf ihre Tasche wütend auf die Kommode. An diesem Morgen hatte sie eine wichtige Besprechung gehabt, und ich dachte, sie wäre nicht gut gelaufen. Aber ich lag falsch, sie waren sich einig geworden. Aber der Finanzier dieser Firma, mit der sie verhandelt hatten, war, hmmm, „unser" Spanner.

„Die ganze Zeit hat er mich angesehen und gelächelt, so in der Art, er kennt mein großes Geheimnis. Ich habe innerlich getobt. Später, beim Handschlag, hat er mir sogar zugezwinkert. Ich habe mich grässlich gefühlt", erzählte sie mir, nachdem sie einen Gin Tonic getrunken hatte.

Ich versuchte sie zu überzeugen, dass sie nichts zu befürchten habe, denn er werde es niemandem erzählen, worauf sie sagte, dass sie sich erniedrigt fühle, weil sie sich überhaupt in einer solchen Situation befunden habe. „Im Übrigen", sagte sie, „warum sollte er es nicht erzählen? Das hält er ganz einfach nicht aus, es nicht auszuquatschen. Sie verhandeln mit uns, und er weiß, wie ich aussehe, wenn ich die Beine breitmache. Vielleicht hat er, während wir dort lagen, auch ein Foto mit dem Handy gemacht. Und sie haben vor der Verhandlung in der Kneipe gemeinsam meinen Schritt studiert. Pfui Teufel."

„Daran ist nichts Erniedrigendes, das ist nur das Leben", gab ich ihr zur Antwort. „Aber er wird nichts sagen, denn das würde ihn am meisten bloßstellen, er ist da herumgekrochen und hat in fremde Autos gestiert", versuchte ich sie zu trösten. Aber sie entwaffnete mich schnell.

„Wie naiv du bist. Es genügt doch, dass er sagt, das sei einem seiner Bekannten passiert, der habe ihm das erzählt."

Tagelang versuchte ich sie zu beruhigen und sagte, sie solle sich nicht aufregen wegen etwas, worauf sie keinen Einfluss habe, aber es half nichts. Sie war auf diese Fotos fixiert, die aller Wahrscheinlichkeit nach nicht existierten, und lebte ständig in der Angst, sie könnten irgendwo auftauchen. Zum Glück war der Typ bei der nächsten Besprechung nicht im Verhandlungsteam, das Geschäft war bald danach abgeschlossen, und irgendwie vergaß sie das Ganze mit der Zeit.

Es vergingen noch zwei Jahre, bevor wir Schluss machten, und dann noch zwei, im Verlauf derer ich versuchte, mich davon wieder zu erholen. Ich hatte mehrere kurze, oberflächliche Beziehungen, aber eigentlich versuchte ich sie zu vergessen, und dann stieß ich eines Abends, bei einem Sex-Chat, auf einen Typ mit dem Decknamen „Jankomir-Voyeur". Das interessierte mich, und ich klickte ihn an. Nach ein paar einleitenden Sätzen fragte ich ihn, was seine erregendste Erfahrung als Voyeur sei, und er erzählte mir, wie er einem Paar – ein Starthilfekabel besorgt habe. „Aber während sie beim Sex waren", tippte er, „habe ich überhaupt nicht zwischen ihre Beine gesehen, nur in ihre Augen. Jetzt tut es mir leid, dass ich diesen Moment nicht besser genutzt habe, aber in ihren Augen war so viel Erschrecken, dass sie nicht den Blick wenden konnte. Sie vögelten, und wir sahen uns an. Ich hatte das Gefühl, als würden wir Liebe machen", schrieb er mir, und ich konnte auch durch diese Buchstaben, die fieberhaft auf dem Bildschirm aufsprangen, mit vielen Tippfehlern, spüren, wie erregt er war, während er darüber schrieb. Obwohl viele Jahre vergangen waren.

Nach unserer Trennung hörten Ivana und ich uns monatelang nicht, ich konnte dem Bedürfnis, sie anzurufen, erfolgreich widerstehen, obwohl ich stundenlang in den Messenger auf Facebook starren konnte, wenn neben ihrem Namen ein grüner Punkt war. Mir schien, dass sie dann in meiner Nähe war, nur einen Klick entfernt. Wer weiß, mit wem sie da sprach, aber mich beruhigte irgendwie, dass ich wusste, wo sie ist und was sie tut, dass sie so wie ich auf den Bildschirm starrt. Das war so, wie wenn ich mit dem Auto unter ihren Fenstern vorbeifuhr. Es lag nicht auf meinem Weg, und ich dachte auch nicht daran raufzugehen oder hoffte, ihr zufällig zu begegnen, aber manchmal sah ich Licht in ihrer Wohnung, ich wusste, dass sie oben ist, und das füllte irgendwie das Loch in mir. Ich weiß, dass es dumm klingt, wenn man das jetzt so erzählt, aber ich tat es und fühlte mich dabei tatsächlich etwas besser.

Außerdem habe ich schon größere Dummheiten begangen. Und einer schäme ich mich auch, aber ich werde sie euch nur unter der Bedingung erzählen, dass ihr das mir gegenüber später niemals erwähnt, auch nicht im Scherz.

Tomo ließ seinen Blick über uns hingleiten, und ein paar von uns nickten zustimmend – versteht sich, natürlich – und er fuhr fort:

– Etwa ein Jahr nach unserer Trennung eröffnete ich ein falsches Profil auf Facebook, und nachdem ich in wenigen Monaten ein paar Hundert Freunde versammelt hatte, die zum größten Teil auch ihre Freunde waren, schickte ich ihr eine Freundschaftsanfrage. Sie nahm an. Dann stellte ich Posts ein, von denen ich wusste, dass sie ihr gefallen würden, likte und kommentierte ihre Posts, immer mit Maß und nie aufdringlich, und klickte dann endlich in das Chat-Fenster. Ich versuchte nicht, sie zurückzuholen, damals war ich mir schon sicher, dass wir nicht füreinander bestimmt waren, aber ich redete mit ihr wie als jemand anderer, und das fiel mir leichter. Wenn sie mir sehr fehlte, klickte ich sie an und unterhielt mich mit ihr. Es schien zu wirken. Ich wusste, was sie liebt, was sie nicht liebt, und ich kam ihr leicht nahe. Ich bemühte mich, sie nicht zu verführen, aber irgendwie wurden unsere Gespräche immer intimer, und sie erzählte mir, dass sie eine sehr schwere Beziehung abgebrochen und sich davon noch nicht erholt habe. Da nahm die Sache eine unangenehme Richtung. Ich fühlte mich schrecklich, aber sie hatte schon angebissen. Wenn ich mich ein paar Tage nicht meldete, klickte sie mich an und fragte, wo ich gewesen sei.

Mladen hob den Arm, aber Tomo erlaubte ihm nicht, etwas zu sagen: – Ja, ich weiß, was dich interessiert. Haben wir, wir hatten Chat-Sex, mehrere Male. Und sie hat mir ihre Fotos geschickt, freilich ohne Gesicht, nur der nackte Körper, und ich schickte ihr Fotos, die ich aus dem Internet geladen hatte. Damit sie mich nicht erkennt. Ja, das war gemein, aber ich wusste nicht, was ich tun soll, ich war völlig verloren, und die Sache wurde immer verrückter.

Da stieß ich im Chat-Raum auf diesen Spanner, und in einem etwas getrübten Moment dachte ich, dass ich sie anrufen und ihr das sagen sollte. Ich redete mir ein, dass sie das hören wollte – weil sie sich seinetwegen vielleicht noch immer Sorgen machte.

– Und? Hast du sie angerufen – war dieses Mal Dora ungeduldig, die einen tiefen Zug aus der Tüte nahm, die Sven ihr gerade gereicht hatte.

– Ja, ich habe sie angerufen und ihr alles erzählt – dass ich diesen komischen Decknamen gesehen und gedacht habe, das könnte „unser" Spanner sein, und dass ich mich bei ihm gemeldet und ihn vorsichtig ausgefragt habe. Jedenfalls sagte ich ihr, dass dieser Typ das, was er im Jankomir-Wäldchen erlebt hatte, für das erregendste sexuelle Erlebnis seines Lebens halte. Aber dass er mir auf keinen Fall den Namen der Personen sagen wollte, um die es sich handelte, obwohl ich das auf jede erdenkliche Weise aus ihm herauszukriegen versucht habe. Zuerst wunderte sie sich ein bisschen, so in der Art, sie wisse nicht, wovon ich spreche, und ich erzählte etwas verworren, dass ich ihn gefragt hätte, ob er vielleicht heimlich etwas aufgenommen habe, ob er sie irgendwann noch einmal getroffen habe, und solche Sachen. Und ganz zum Schluss sagte ich, alles in einem Atemzug, dass ich sie angerufen habe, weil ich glaube, dass sie wissen solle: Es gebe keine Fotos, er habe weder ihren Namen noch ihren Beruf angedeutet, und sie könne beruhigt sein.

Das sollte keine Entschuldigung sein, mir kam es damals wirklich so vor, als wäre es damit vorbei. Ich habe mir sogar selbst eingeredet, dass ich sie deshalb angerufen habe.

– Und, und – war von mehreren Seiten zu hören.

– Sie hörte mir bis zum Ende zu und sagte dann kühl, dass das vielleicht für ihn das erregendste sexuelle Erlebnis im Leben gewesen sei, für sie aber sicher das schlimmste, und dass ihr zum Kotzen sei, wenn sie sich daran erinnert. „Du bist an allem schuld", sagte sie, „und ich kann mir nicht verzeihen, dass ich zugelassen habe, dass du mich in eine solche Person verwandelst, ich kann es nicht glauben, dass ich vor diesem Wichser gevögelt habe." Ich konnte tatsächlich den Ekel in ihrer Stimme spüren, als sie das sagte. Dann setzte sie hinzu, dass ich sie nicht mehr anrufen solle, weil sie endlich einen Typ kennengelernt habe, der ihr viel bedeute.

– Vielleicht wollte sie dich nur verletzen – sprang Franka mitfühlend ein.

– Du bist ja blöd – fuhr Sven dazwischen – sie hat sich einfach wieder in ihn verliebt, aber auf Facebook.

– Ich weiß nicht, aber sie hat mich so abgeschmettert, dass ich nichts mehr sagen konnte, ich habe nur aufgelegt. Nach ein paar Tagen habe ich Facebook aufgemacht und mein falsches Profil gelöscht, und etwas später auch das richtige.

XIII.

– Ich habe auch eine Geschichte mit Facebook – meldete sich ein wenig zögerlich Tihana zu Wort, die bisher am schweigsamsten gewesen war, und fuhr dann rasch fort, als fürchtete sie, sie werde von ihrem Vorhaben ablassen, wenn sie nicht sofort beginnt. Tihana hat mir immer gefallen, wir sahen uns seit Jahren, vor allem bei Feri, weil sie im Institut für Neurologie mit seiner Frau zusammenarbeitet, aber diese Bekanntschaft war durch all die Jahre oberflächlich geblieben. Sie trug meistens kurze Röcke und hohe Absätze, wenn sie die Beine übereinanderschlug und der Rock ein wenig hinaufrutschte, sah man bisweilen den Saum des halterlosen Strumpfs, aber in Gesellschaft schien sie sich immer zu bemühen, nicht aufzufallen, sodass sie für mich kokett und zugleich verschämt wirkte. Sie hatte eine Kinderstimme, alle waren überrascht, wenn sie sie zum ersten Mal hörten, aber mir gefiel auch das. Doch am interessantesten war für mich ihr von kurzem blondem Haar umrahmtes Gesicht. Sie schaute interessiert, mit weit geöffneten Augen, und die Muskeln unter der Gesichtshaut zitterten oft leicht, als würde sie im nächsten Augenblick zu weinen anfangen, oder als wäre sie von dem, was sie hörte, zutiefst beunruhigt. Oder erregt. Sie erinnerte mich an Charlotte Gainsbourg, zerbrechlich und stark zugleich. Ich habe nie versucht, etwas mit ihr anzufangen, nicht einmal ein Gespräch, das etwas mehr gewesen wäre als konventionelles Geplauder, aber ich mochte es, sie anzusehen. Es war mir immer bewusst, dass sie im Zimmer ist und wo sie ist, und so sah ich auch in dieser Nacht oft zu ihr hin. Trotz alledem wusste ich fast nichts über sie, außer dass sie menschliche Gehirne seziert und dass sie allein lebt, und so habe ich mich, als sie ihre Geschichte begann, unbewusst vorgeneigt, um ihre leise Stimme besser hören zu können.

– Ich hatte ihn bei einem Stipendium in Paris kennengelernt, und anschließend setzten wir unsere Kommunikation vor allem über Facebook fort. Er war Niederländer, der in Spanien arbeitete, in Paris war er geschäftlich gewesen. Als Marketing-Fachmann war er ständig auf Reisen, er hielt Vorträge in der ganzen Welt, wie man den Menschen unter die Haut dringt. Jedenfalls sahen wir uns in diesem einen Jahr insgesamt vier, fünf Mal, wenn er irgendwo in der Nähe von Zagreb war und ich dorthin fuhr und mit ihm ein paar Tage verbrachte. Aber auf Facebook waren wir jeden Tag zusammen. Und hatten eine ziemlich intensive Beziehung. Ich sah mit ihm gern Filme, hörte Musik ... Ich erinnere mich an den ersten, er hatte mir den Link zu *Hotel Chevalier* von Wes Anderson, mit Natalie Portman, geschickt, er sagte, ich solle mir einen Tee machen und mich bequem vor den Laptop setzen, und dann haben wir im selben Augenblick den Film gestartet, er in Madrid und ich in Zagreb. Wir haben ihn im Messenger gesehen und kommentiert, und ich fand das wirklich schön. Einmal schlug er einen Film vor, das andere Mal ich. Wir konnten uns auch streiten, wir taten eigentlich alles, was Menschen tun, die verliebt sind.

Und auch der Sex war gut. Nach den ersten Nacktfotos und gemeinsamem Masturbieren befanden wir uns sehr schnell in einer Beziehung, in der er dominant und ich submissiv war, er stellte mir Aufgaben, die ich ausführen und über die ich ihn dann informieren musste, mit allen Details. Für mich war das kein Spiel, etwas, worüber wir gelacht hätten, wenn wir darüber redeten; wenn ich eine Aufgabe bekam, gab es nichts Wichtigeres auf der Welt. Und diese Aufgaben wurden immer anspruchsvoller. Und riskanter. Wenn ich auf Dienstreise in Mailand war, verlangte er, dass ich aus dem Hotel gehe, draußen jemanden finde, ihn aufs Zimmer mitnehme, ihn dazu bringe, mich auf den nackten Hintern zu schlagen, dabei alles mit dem Handy aufnehme und, sobald es vorbei war, ihm die Aufnahme auf Facebook schicke. Für alles das hatte ich genau eine halbe Stunde, falls ich die Zeit überschritt, würde ich bestraft.

Zwei Minuten später stürzte ich schon hinaus auf die Straße, fing mir schnell einen Italiener ein, den erstbesten, der vorbeikam, und nahm ihn mit aufs Zimmer. Ein wenig verwundert zwar, aber doch bereitwillig folgte er mir. Ich hatte gesagt, dass ich Hilfe brauche, aber sobald wir im Zimmer waren, zog ich mich aus. Ich platzierte mein Handy auf dem Tisch, schaltete auf Aufnahme und kniete mich vor ihm auf allen vieren aufs Bett, völlig nackt. Und sagte, er solle mich auf den Hintern schlagen, mit der Hand oder dem Gürtel, egal womit. Aber hier entstand das Problem, er streichelte meinen Hintern und wiederholte, ziemlich erregt, dass er das nicht könne, er könne keine Frau schlagen. Ich glaube, er sagte sogar, er könne keine schöne Frau schlagen, was mir komisch vorkam, weil ich dachte, dass er mich, wenn ich hässlich gewesen wäre, bereitwillig geschlagen hätte, aber das kommentierte ich nicht, weil die Zeit immer knapper wurde. Er sagte, dass er Liebe mit mir machen, aber mich nicht schlagen möchte, und ich versuchte ihm zu erklären, dass ich gerade das möchte, beziehungsweise, dass mein Lover das möchte, dass das eine Aufgabe sei, die er mir gestellt und die ich zu erfüllen hätte. Jetzt war ihm erst recht nichts klar. Jedenfalls verhandelten wir hin und her und die Zeit verging und mich packte die Panik und ich fing an zu weinen und ihn zu beschwören, es zu tun, weil davon mein Leben abhinge. Am Ende gab er nach und schlug mich mit dem Riemen über den Nackten, und als er mich zehnmal geschlagen hatte, sprang ich aus dem Bett, nahm das Handy und schickte die Aufnahme rasch dem Niederländer. In der letzten Sekunde. Jetzt entstand ein neues Problem, denn während ich das tat, hatte sich der Italiener ausgezogen und begann mich zu umarmen und zu küssen. Ich konnte mich kaum wehren, ich sagte, dass Sex keinesfalls infrage komme, dass ich alles nur wegen meines Lovers getan hätte, und dass es das sei. Er gab nicht auf, aber irgendwie gelang es mir, ihn aus dem Zimmer zu drängen.

Aber er hörte nicht einfach so auf. Am nächsten Abend wartete er in der Hotelhalle mit Blumen auf mich, er trat zu mir, überreichte mir das Bukett und sagte, er könne nicht vergessen, was gestern passiert sei. Er habe die Bilder den ganzen Tag vor Augen und bitte mich, ihm wenigstens zu erlauben, mich zum Abendessen auszuführen. Er möchte verstehen, was geschehen ist, so sagte er. Ich hatte zwar keine Lust, aber ich dachte, das sei ich ihm schuldig, und willigte ein. Während des Abendessens versuchte er klarerweise, mich zu bewegen, mit ihm wieder aufs Zimmer zu gehen, aber am Ende akzeptierte er doch, dass ich meinem Niederländer treu bin. Und als der Niederländer begriff, wie sehr mich so etwas anmacht, wurde er noch einfallsreicher und wurden seine Aufgaben noch anspruchsvoller. Aber so ungewöhnlich und beschämend sie auch waren, ich habe sie immer mehr genossen.

– Gibt es was Anspruchsvolleres als das, was du gerade erzählt hast? – fragte Tomo, der neben Tihana saß und irgendwie, an den Tisch gelehnt, immer mehr zu ihr hin rutschte, wenigstens schien es mir so.

– Doch, doch, ständig stellte er mich vor neue Herausforderungen, die verlangten, dass ich etwas in mir zerbreche, dass ich über eine Angst oder ein Unbehagen hinwegspringe. Er verlangte zum Beispiel, dass ich in Zagreb eine Prostituierte finde, zu der ich gehe, wenn er es von mir verlangt. Das war nicht einfach für mich, denn ich wusste nichts über diese Frauen, aber ich fand eine. Ich hatte Sex mit ihr, und er sah übers Handy zu und masturbierte. Niemals hat mich jemand so geleckt wie diese Frau.

Tihana hatte das im gleichen Ton gesagt, als würde sie uns erzählen, wie sie eine Maus seziert. An nichts war zu sehen, dass das ein Satz war, der nicht nur so hingesagt war. Ich dachte, dass sie ihn auch hätte überspringen können, nichts hätte ihrer Geschichte gefehlt, aber es war keine Zeit, über Motive nachzudenken, denn sie fuhr schon fort.

– Zum Schluss bin ich oft zu ihr gegangen, das war unsere Lieblingsart, Liebe zu machen, für mich und meinen Niederländer. Aber es gab auch einen komischen Moment, fünf, sechs Monate, nachdem wir Schluss gemacht hatten. Ich saß auf dem Cvjetni mit Kollegen von der Uni, als sie über den Platz kam, genau so gekleidet, wie wir uns Prostituierte vorstellen, übertrieben, alles betont, damit keiner denkt, sie sei keine. Als sie an uns vorüberkam, fiel ihr Blick auf mich, und sie lachte mir zu und winkte fröhlich. Als sie vorübergegangen war, sahen mich alle an – woher kennst du die – aber ich lächelte nur und murmelte etwas Unverständliches.

Aber alles platzte, als er verlangte, dass ich anstelle der Prostituierten meine beste Freundin in unser Spiel einführe, der ich manches von alledem erzählt hatte, von der Prostituierten aber nichts gesagt hatte. Einmal hatten wir uns auch zu dritt getroffen, weil sie mit mir in Wien war, als er dort eine Konferenz hatte. Ich war eifersüchtig und konnte es nicht ertragen, vor allem als mir klar wurde, dass er sich bei ihr auf Facebook gemeldet hatte und sie sich unterhalten hatten. Ich dachte, er wollte sie auf etwas vorbereiten und in Kürze auch von ihr etwas verlangen. Da habe ich die Verbindung abgebrochen und mich bei ihm mehr als ein halbes Jahr nicht gemeldet. Obwohl er gelegentlich Messages schickte. Als wir den Kontakt wiederaufnahmen, lud er mich ein, über den Sommer für zwei Monate zu ihm nach Madrid zu kommen. Damit wollte er wohl zeigen, dass er es ernst meint. Da ich noch nicht im Institut arbeitete, sondern an der Uni, hatte ich den ganzen Sommer über frei. Und fuhr hin. Aber es war nicht gut. Live war er nicht der Mann, mit dem ich im Netz zusammen gewesen war. Ständig sah ich diesen Unterschied und konnte dem nicht entkommen. Diese fünfzig Tage habe ich kaum ausgehalten.

Aber als ich nach Hause kam, meldete sich wieder der aus meinem Kopf, und ich fing wieder an, mich nach ihm zu sehnen. Es schien mir sinnlos, wieder von vorn zu beginnen, und ich blieb standhaft und meldete mich nicht mehr bei ihm, obwohl er hartnäckig versuchte, zu mir durchzukommen. Ich überlegte es mir nicht anders, aber die Wahrheit ist, dass ich danach nichts annähernd so Intensives gefühlt habe, als es dieses Hingegebensein war. Auch heute, wenn ich mich erinnere, was ich alles für ihn getan habe, erregt es mich, und in der Pause einer Vorlesung zum Beispiel gehe ich in mein Kabinett, lehne mich mit der Stirn an die Wand und masturbiere im Stehen. Es erregt mich sogar, wenn ich nur diesen Fettfleck von meiner Stirn an der Wand des Kabinetts sehe. Sodass ich nichts gegen Facebook sagen kann. Ich habe mich nie so lebendig gefühlt wie zur Zeit dieses Korrespondierens mit ihm.

Als Tihana ihre Geschichte beendet hatte, war im Zimmer lange nur Faithless zu hören, leise im Hintergrund – *This is my church, This is where I heal my hurts.* Alle schwiegen und dachten über das Gehörte nach. Mich überraschte die Leichtigkeit, mit der Tihana alles erzählt hatte, und ich sah sie an und versuchte zu begreifen, wie sie sich fühlt.

– Hm, und ich habe gedacht, dass sie schüchtern ist – formulierte jetzt Sven einen ähnlichen Gedanken. – Die ganze Nacht sitzt sie nur in der Ecke und schweigt, und dann erzählt sie so eine Geschichte. He, das wird verlangt, die Seele an die Sonne, und zeigt uns, wer ihr seid! Kommt, Leute, wer ist der Nächste – rief er und ließ Faithless weiterlaufen.

XIV.

– Mich quälen keine Liebesprobleme mehr – begann Mladen. – Wenn man euch zuhört, scheint es, als gäbe es nichts anderes auf der Welt. Aber ich bin schon zehn Jahre geschieden, und heute denke ich anders über die Liebe. Der Weg dahin war nicht leicht, es gab am Anfang auch Depressionen, aber hilfreich war auch der ganze Scheiß, den ich in den Beziehungen davor erlebt habe. Ich habe genug von der ganzen Irrationalität und dem Verzicht auf gesunden Menschenverstand. Und von zweierlei Maßstäben. Davon bestimmt. Denn wenn für mich die einen Regeln gelten und für alle anderen andere, dann kann die Sache nicht gesund sein, und es ist besser, dem aus dem Weg zu gehen.

Meine zweite Frau war mit mir zusammen, während ich noch mit der ersten verheiratet war. Zuerst als meine Geliebte, wir machten alles, was Liebende machen, schrieben uns, trafen uns, hatten heimlich Sex … aber dann, als wir verheiratet waren und sie einmal in meinem Handy die SMS einer anderen Frau fand, drehte sie komplett durch, und das gar nicht mal meinetwegen, sondern ihretwegen – wie kann sie mir solche Nachrichten schreiben, wenn ich eine Frau habe. Sie drohte, ihren Mann anzurufen und ihm alles zu erzählen, und als ich sie fragte: „Ja, gut, warst du nicht auch mit einem verheirateten Mann zusammen, hast du nicht das Gleiche gemacht wie sie?", antwortete sie: „Ja, aber das ist etwas anderes. Sobald ich dich gesehen habe, habe ich gewusst, das ist es – dass ich meinen Mann verlassen und mit dir zusammen sein werde."

„Das ist nichts anderes. Du kannst nicht jemanden angreifen und beleidigen wegen etwas, das du selbst gemacht hast. Wieso siehst du das nicht ein?" Aber sie sah es wirklich nicht ein. Sie konnte es nicht einsehen. Sie schäumte und wiederholte: „Was für eine Schlampe muss man sein, dass man das tun kann!" Und ich wiederum konnte nicht begreifen, wie man überzeugt sein kann, dass sie eine widerliche Nutte ist, und sich die hässlichste Rache ausdenken, und dabei hat sie genau dasselbe getan wie du vor zehn Jahren. „Und warum, verdammt noch mal, greifst du nicht mich an? Lass sie in Ruhe, sie ist nicht dein Mann. Sie hat dir nichts versprochen." Aber auch ich hatte ihr nicht versprochen, was sie am meisten schmerzte – dass ich treu sein werde. Denn ich wusste, dass ich es nicht sein würde, und habe es ihr auch gesagt. „Keiner Einzigen bin ich treu gewesen, und so ist es auch nicht wahrscheinlich, dass ich es jetzt dir sein werde. Und wenn du damit nicht klarkommst, ist es besser, wenn wir nicht zusammenbleiben." Ich habe selbstverständlich nicht gesagt, dass ich es kaum erwarten kann, sie zu betrügen, und dass ich die erste Gelegenheit nutzen werde, das wäre mir im Traum nicht eingefallen und ich habe es auch nicht darauf angelegt, aber im Wissen, wie sich die Dinge bis dahin entwickelt hatten, war es ziemlich klar, dass es einmal geschehen würde. Doch sie dachte vermutlich, dass es mit ihr anders sein werde. Und sie wollte es auch nicht hören, wenn ich ihr sagte, dass ich es überleben werde, wenn sie mal mit jemandem ausgeht, nur dass ich das nicht wissen muss, solange dieser Typ nicht wichtiger wird als ich. Sie war überzeugt, dass sie das nie machen wird, obwohl sie das mehrere Male bei ihrem Ex gemacht hatte.

Aber wie gesagt, meine Geschichte handelt nicht davon, ich wollte nur sagen, dass ich froh bin, dass solche Diskussionen nicht mehr im Zentrum meines Lebens stehen. Ich lasse mich nur noch auf eine lockere Beziehung ein, neben der es noch viele andere gleich wichtige Dinge gibt, nie mehr auf ein Verhältnis, das die ganze Welt absorbiert. Keine Chance. Deshalb gefällt mir bei Iris am meisten, dass sie nie gesagt hat, dass sie mich liebt. Und sobald sie es das erste Mal sagt, werde ich mir Sorgen machen.

Während er das sagte, drehte sich Mladen zu Iris um und lachte. Es war offensichtlich, dass er mindestens teilweise scherzte, aber so grob wie gewöhnlich. Direkt und ein wenig grob, das war immer seine Art, und ich habe mich oft gefragt, ob er es denn bemerkt, wenn er jemanden verletzt, oder ob ihn das überhaupt nicht kümmert. Vielleicht denkt er auch, dass die Leute solche Schläge ertragen müssen. Aber bei ihm hast du zumindest immer gewusst, woran du bist, er war einer der Seltenen, die in der Lage waren zu sagen, dass ihm der Roman, den du geschrieben hast, nicht gefällt, und auch zu begründen, warum. Und dir war klar, dass es sich dabei nicht um Gehässigkeit oder Neid handelt, sondern dass er nur ehrlich gesagt hat, was er denkt.

Iris lachte ebenfalls, aber er erlaubte ihr nicht zu antworten, er hob nur die Hand – wie um zu sagen, lass das jetzt, das machen wir später, und fuhr rasch fort: – Es gibt auch andere Dinge als Frauen. Aber auch dort gibt es Probleme. Kaum ist dir an etwas gelegen, treten sie auf. Und mir ist etwas bei der

Arbeit passiert, etwas, was mich beunruhigt hat und worüber ich in letzter Zeit oft nachgrüble.

Nach der Uni habe ich eine Zeit lang als Redakteur beim *Nacional* gearbeitet und so auch eine ganze Serie von Texten über Kriegsverbrechen redigiert. Seit dem Krieg waren schon vier, fünf Jahre vergangen, und wir hatten uns an solchen Geschichten sattgehört und uns auch an sie gewöhnt, sie berührten uns nicht mehr wie beim ersten Mal. Aber ich erinnere mich, dass mir bei einer einmal fast schlecht geworden ist, sie hat mich so aufgeregt, dass ich vom Computer aufstehen, hinausgehen und mir eine Zigarette anzünden musste. Ich will sagen, nicht der Text selbst war widerlich, sondern das, was er beschrieb. Es ging um das Foltern von Gefangenen in einem kroatischen Lager. Und ich war entsetzt, als ich nach den üblichen Beschreibungen von Stromstößen und WC-Scheuern mit der Zunge die Aussage eines Gefangenen las, der beschrieb, wie sein Folterer eines Tages einen chirurgischen Handschuh anzog, ihm befahl, die Hose runterzulassen und sich hinzuknien, und ihm dann die ganze Faust in den Anus schob. So weit hinein, bis er durch die Darmwand seine inneren Organe ertasten konnte. Er nahm sie in die Hand, die Niere, den Magen, die Milz, als wüsste er, um welches Organ es sich handelt, und fing an, sie zu pressen. So lange, bis der Gefangene gestand, was immer er ihn fragte. Ich konnte das nicht lesen, aber ich musste es und habe es jetzt für alle Zeiten im Gedächtnis.

Zehn Jahre nach diesem Text bekam ich ein Manuskript, einen Roman über den Krieg in Bosnien und Herzegowina, der mir gefiel, brutal, wie ein guter Kriegsroman sein muss, aber auch erregend. Er war nicht seicht, nicht schwarz-weiß, er beschrieb die Kriegsgräuel detailliert, gerade richtig, damit einen vor dem Krieg für immer ekelt. Er war in der ersten Person geschrieben, der Erzähler ist ein Muslim, der sich zur kroatischen Armee gemeldet hat und zuerst in einem serbischen Lager und, nachdem er befreit worden ist, in einem kroatischen Lager gelandet ist, weil in der Zwischenzeit auch Kroaten und Muslime gegeneinander Krieg angefangen hatten. Von dem Autor hatte ich noch nie gehört, aber er war sprachlich versiert, als wäre er schon ein erfahrener Schriftsteller, und ich habe ihn herausgebracht. Aber fast niemand nahm von ihm Kenntnis, vielleicht, weil er unbekannt war und alle von Kriegsromanen auch schon genug hatten. Oder weil ich in einem kleinen Verlag arbeite, der kein Geld für eine anständige Werbekampagne hat. Ich weiß es nicht. Wir nutzten die Einladung einer Zagreber Bibliothek, wo eine Präsentation organisiert wurde, auf der kein einziger Journalist war. Es waren eigentlich nur ein Dutzend Freunde des Autors und ein paar von meinen dort. Die Bibliothek zahlte dem Mann auch die Fahrt nach Zagreb, und wir lernten uns kennen, aber wir sprachen kaum ein paar Worte außerhalb des offiziellen Teils miteinander. Die Form war gewahrt, die Präsentation hatte stattgefunden, und wir alle konnten zu unseren üblichen Geschäften zurückkehren.

Es tat mir ein bisschen leid, dass der Roman völlig unbeachtet erschienen war, denn ich war überzeugt, dass er besser war als viele andere, über die viel geschrieben wurde, und so habe ich ungefähr ein Jahr später, als mich ein Redakteur aus Slowenien bat, ihm einen guten Antikriegsroman zu empfehlen, genau diesen vorgeschlagen. Sie hatten für eine Ausschreibung der Europäischen Union ein Programm mit zehn Antikriegsromanen aufgelegt, die Kommission hatte es bewilligt, der Verleger hatte die Gelder bekommen, und unser Autor konnte bald darauf zur Präsentation auf ein slowenisches Literaturfestival reisen. Da in das Geschäft auch ein kleiner deutscher Verlag eingebunden war, der sich in dieses EU-Förderprogramm als Verleger aus einem großen Land mit eingebracht hatte, damit sich die Literatur kleiner Völker auf würdige Weise den großen Völkern vorstellen könne, bekam unser Autor bald auch seine deutsche Ausgabe. Und in Deutschland bekam er, im Unterschied zu Kroatien, auch eine Reihe ziemlich positiver Kritiken. Ich war froh, dass die Geschichte ein so schönes Ende genommen hatte, und habe alle paar Monate wieder gegoogelt, um zu sehen, ob die Deutschen noch etwas geschrieben haben. Und dann, als ich einmal so surfe, sehe ich seinen Namen im Kontext eines Konzentrationslagers. Ich klicke auf den Link, und vor mir tut sich ein umfangreiches Dokument auf, das das Geschehen in mehreren kroatischen Lagern detailliert beschreibt. Auf den ersten paar Seiten kam sein Name nicht vor, aber etwas bewog mich weiterzulesen. In der Hauptsache waren hier die Zeugnisse von Opfern gesammelt, und vermutlich war das Dokument einem Gericht übergeben worden. Und am Ende, ihr erratet es schon, fand ich unter den Folterern im Lager auch meinen Autor. Mehrere Zeugen hatten beschrieben, wie er sie gefoltert hat. Ich dachte zuerst, es handle sich vielleicht um einen anderen Mann mit gleichem Namen, aber das Geburtsjahr stimmte überein, ebenso der Geburtsort. Ich fand auch seine Verteidigung, er stritt alles ab und erzählte, dass in Pakrac sein Bruder umgekommen sei und in Mostar seine Mutter. Ich googelte die ganze Nacht durch diese Kriegsprozesse und Gerichtsprotokolle und fand heraus, dass gegen ihn keine Anklage erhoben worden war. Aber das konnte mich nicht beruhigen, denn in unser Gerichtswesen hatte ich nicht unbedingt Vertrauen. Und so grub ich alte Zeitungstexte aus, in denen über diese Prozesse geschrieben worden war. Beim Lesen eines von ihnen wurde mir plötzlich klar, dass es sich genau um das Lager handelte, in dem dieses Quetschen der Organe stattgefunden hatte. Das machte mich fertig. Weder in dieser noch in den folgenden Nächten habe ich viel geschlafen. Die ganze Zeit dröhnte mir im Kopf, dass vielleicht gerade ich mitgeholfen hatte, dass ein Kriegsverbrecher als Antikriegsautor durch Europa spaziert. Mir ging durch den Kopf, dass er das Foltern der Gefangenen gerade deshalb so gut beschreiben konnte, weil er selbst es war, der sie an die Stromdrähte der Feldtelefone angeschlossen hat. Er hatte alles aus erster Hand, nur dass er es im Roman aus der Opferperspektive beschrieben hat. Der Folterer triumphiert, weil er angeblich gegen das Foltern ist, geht es zynischer? Und was soll ich tun, jetzt, wo ich das herausgefunden habe?

Ich bin in diesen Tagen weiß Gott mit mir ins Gericht gegangen. Ich habe auf mich eingeschlagen wie ein Flagellant, und dann, nach einem Haufen Selbstbezichtigungen, fing ich an, mich zu verteidigen. Als Erstes, der Roman ist gut, unabhängig davon, wer und was sein Autor ist. Wir wissen, dass wir das Werk vom Autor trennen müssen. Dann, es ist gegen den Krieg, es schadet niemandem, sondern plädiert für etwas Gutes. Weiter, sein Autor war zur Zeit dieser Verbrechen neunzehn, quasi noch ein Kind, das auch selbst ein Trauma hat, und wenn er diesem Lager zugeteilt war, hat er vielleicht einfach das Gleiche getan wie die anderen. Er hasste, weil man seine Leute umgebracht hat, und er folterte, weil man ihm gesagt hat, dass es sein muss. Als er erwachsen wurde, hat er begriffen, wie sehr er im Unrecht war. Hat er nicht auch das Recht, sich zu ändern? Mein Sohn ist zwanzig, und was ist er? Nur ein Kind. Er weiß nichts vom Leben. Und wäre er in einer zerstörten Stadt, nachdem man ihm die Mutter umgebracht hat, und würden ihm alle sagen, dass es okay ist zu foltern, würde vielleicht auch er foltern. Aber die Stimme in meinem Kopf gab nicht nach: Okay, vielleicht kann er sich ändern, aber ist es nicht perfide, dass sich der Folterer als Gefolterter darstellt, und dass er das Leiden seiner Opfer benutzt, um sich selbst als Kriegsgegner und Autor in Szene zu setzen? Und wie fühlen sich die Gefolterten, wenn sie den Roman lesen? Ich versuchte mir vorzustellen, wie dieser Roman von einem gelesen wird, der berichtet hat, wie er jedes Mal auf ihn runtergepisst hat, wenn er ins Zimmer kam.

– Für mich ist das satanisch. Wie im *Faust* – hielt es Magdalena nicht aus. – Und ihn muss die Strafe treffen. Aber es wäre gut, wenn das schon in dieser Welt wäre.

– Und Hamsun – warf Sven ein. – Fast alle hier lieben die Romane des alten Nazis.

– Aber Hamsun hat niemanden gefoltert. Und dann darüber geschrieben – gab Mladen zurück.

– Ist in der Kunst alles erlaubt, rechtfertigt ein guter Roman alles, das ist die Frage – meldete sich jetzt auch Dora zu Wort, die, nachdem sie ihre Geschichte erzählt hatte, die ganze Zeit über geschwiegen hatte und von dem, was sie erzählt hatte, irgendwie aufs Neue verwundet schien.

– Nur wenn es sich um ein Meisterwerk handelt – antwortete Andrej. – Ein Meisterwerk kann nichts beschmutzen, nicht einmal sein Autor, aber in diese Kategorie fallen neunundneunzig Prozent dessen, was wir lesen, nicht, und sicherlich auch nicht Mladens Roman. Hat den denn jemand von uns gelesen?

– Ich – sagte Katarina – ich war sogar bei der Präsentation. Er ist nicht schlecht.

– Das ist nicht mein Roman, red keinen Stuss. Aber wenn er sich geändert hat, warum sollte er nicht einen Roman schreiben, in dem er zeigt, wie widerlich das Foltern von Menschen ist? Niemand von uns ist mehr derselbe wie damals. Sogar wortwörtlich, in uns gibt es keine einzige Zelle, die es vor zwanzig Jahren gegeben hat. Alle Zellen unseres Herzens, unserer Lunge, unserer Knochen sind abgestorben und haben sich in diesem Zeitraum mehrmals erneuert. Jetzt heißt es sogar, dass sich auch die Neuronen im Hirn auf bestimmte Weise regenerieren. Fragt Tihana – sagte Mladen und zeigte mit dem Finger auf sie.

Nachdem Tihana kaum merklich genickt hatte, was ich so deutete, dass es nicht ganz so einfach ist, fuhr er rasch fort: – Weshalb konnte er sich nicht zum Besseren verändern, wollen wir den Menschen nicht die Möglichkeit zugestehen, sich zu ändern?

– Aber warum hat er sich dann nicht entschuldigt, warum hat er nicht vor aller Welt gesagt: Ich habe gefehlt, ich war jung – fragte Magdalena.

– Vielleicht hatte er nicht die Kraft dafür, sondern ist gerade dieser Roman seine Entschuldigung. Er teilt uns mit, so sehe ich die Dinge heute, ich habe begriffen. Vielleicht hat er seine Opfer benutzt, aber wenigstens für die richtige Sache.

– Dann hätte er die Geschichte aus der Perspektive des Folterers schreiben müssen, der nach zwanzig Jahren begriffen hat, wie sehr er gefehlt hat. Und beschreiben, was er damals gedacht hat und was er jetzt denkt. Ich bin mir sicher, dass der Roman dann viel besser wäre – blieb Andrej kategorisch.

– Ich denke, dass Folterer das falsche Wort ist. Jemand wird einer Folter unterzogen, um etwas aus ihm herauszuquetschen, aber hier lebt jemand seinen Sadismus aus. Ein Mensch kann solche widerlichen Sachen nicht tun, wenn er daran keinen Genuss findet. Er muss ein Sadist sei, und das ändert sich nicht mit den Jahren oder mit den Büchern, die einer gelesen hat. Wenn er vor zwanzig Jahren mit Genuss auf andere Menschen runtergepisst hat, würde er es auch jetzt genießen – sagte Katarina.

– Außerdem, wie kannst du dir überhaupt sicher sein, dass es ihm darum ging, den wahren Sachverhalt ans Licht zu bringen, oder um gute Literatur? Vielleicht war es für ihn das Wichtigste, sich als Autor durchzusetzen, und gegen den Krieg zu sein ist jetzt in Mode. Hast du mit ihm gesprochen? Warum hast du ihn nicht nach dem gefragt, was dich quält? – ließ Magdalena nicht locker. – Ich würde ihn anrufen.

– Ja, ich habe ihn angerufen und mich mit ihm auf einen Kaffee getroffen, als er das nächste Mal in Zagreb war.

– Und?

– Er behauptete, er habe niemanden gefoltert. Und er versuchte auch in keinem Augenblick, diese Verbrechen zu rechtfertigen. Ich wollte ihn stellen, ich dachte, er werde ein detaillierteres Gespräch nicht aushalten, er werde sicher anfangen zu relativieren, so wie das immer passiert. Wir hätten nicht, wenn sie nicht hätten. Aber das tat er nicht. Er hat die grauenhaften Dinge gesehen, er kann sie nicht vergessen, und deshalb hat er den Roman geschrieben. So in etwa lautete seine Verteidigung. Ansonsten war er angenehm, klug, zivilisiert, nach allem zu urteilen, ein besseres Mitglied der Gesellschaft als zwei Drittel der Leute, die ich kenne – deklamierte Mladen und schüttelte den Kopf, als könne er selbst nicht glauben, was er gerade gesagt hatte.

– Nach diesem Gespräch war ich etwas beruhigter, aber nur für kurze Zeit. Ich wusste, dass ein Gespräch keine Lösung bringt. Natürlich hat er sich verteidigt, und natürlich hatte er meinen Verdacht nicht ausgeräumt, dass ich vielleicht schon jahrelang einen Kriegsverbrecher promote. Fast war ich auf mich selbst böse, weil mir unser Gespräch offenbar nur als Rechtfertigung gedient hatte, um mit dieser Information nicht an die Öffentlichkeit gehen zu müssen. Um mir die Hände nicht schmutzig zu machen. Seitdem habe ich Angst, dass jemand anderer damit an die Öffentlichkeit geht und ich erklären muss, warum wir den Roman eines Menschen herausgebracht haben, der andere Menschen gefoltert hat.

– Aber – warf Franka ein – vielleicht zielt das alles völlig daneben, vielleicht hat er wirklich nicht gefoltert, eine Anklage wurde ja nie erhoben, du kannst dir also nicht sicher sein, dass er ein Folterer ist, und ohne Richterspruch urteilen.

– Warum sollten so viele Menschen lügen und mit dem Finger auf ihn zeigen als auf einen dieser Verbrecher? Warum sollten fünf Menschen aussagen, er habe sie gefoltert, wenn er es nicht getan hat?

– Du hast ein paar Zeitungstexte gelesen, und das Gericht hat Jahre daran gearbeitet. Wir müssen uns an die Gesetze halten. Wir sind nicht im Wilden Westen und hängen die Leute am erstbesten Baum auf. Wenn er nicht verurteilt wurde, ist er unschuldig. Ich denke, dass wir uns daran halten müssen, auch wenn es uns nicht gefällt, sonst geht alles in den Arsch.

– Für mich ist das alles irrelevant – sagte Stanko ziemlich resolut. – Wenn er ein Verbrecher ist, gehört er ins Gefängnis, das ist das eine Problem. Aber der Roman ist das andere. Wenn er gut ist, ist unwichtig, wer ihn geschrieben hat. Findest du in ihm etwas, was zu dir über deine Welt spricht, oder vielleicht sogar über jede Welt, hat das nichts mehr zu tun mit dem Autor.

Ich gab zu bedenken, dass solche Entscheidungen nur in der Theorie leicht und sauber gefällt werden, dass man in ihrer Umsetzung aber viel Dreck aufwirbeln könne: – Einen Roman zu veröffentlichen ist das Leichteste, aber dann musst du ihn in die Medien bringen, Präsentationen und Interviews für den Autor organisieren, auf diesen Veranstaltungen sprechen. Und dann passiert ein Haufen Scheiße.

– Ich weiß nicht, aber monatelang habe ich mich zerfleischt und mich gefragt, was ich tun soll. Viele Male habe ich den Kopf geschüttelt und gedacht: Der Roman ist gut, scheiß auf politische Korrektheit, ich habe ihn herausgebracht und ich würde ihn wieder herausbringen. Aber dann fingen bei mir Nieren, Milz und Magen an wehzutun, ich fühlte die Hand, wie sie in meinen Dickdarm kriecht, und die Faust, die sie presst. Und alles ging wieder von vorne los.

Wir blieben alle stumm, und Mladen fragte: – Was meint ihr, muss ich eine Erklärung für die Medien schreiben und sagen, dass der Autor des Romans seinerzeit verdächtigt wurde, ein Kriegsverbrecher zu sein? Ich hatte sie genau genommen schon geschrieben, habe sie aber im letzten Moment nicht abgeschickt. Ich befürchtete, dass ich sein Leben zerstören würde, seines und das seiner Kinder. Wenn es auch nur die geringste Möglichkeit gibt, dass alles nur ausgedacht ist, wie kann ich das dann tun?

Bevor er weitersprach, zündete er sich eine Zigarette an und stieß ein paar große Rauchringe aus. – Ich kann mich da einfach nicht herauswursteln. Und dann gehen mir auch diese Deutschen auf den Sack, kaum habe ich alles vergessen, kommt eine neue positive Kritik. Und ich fühle mich, als hätte mir jemand eine Ohrfeige verpasst. Jedes Mal. Fehlt nur noch, dass sie ihm einen Preis verleihen für das Propagieren von Humanismus in literarischen Werken. Das würde mir den Rest geben.

Drei, vier von uns lachten kehlig, aber Mladen wiederholte ein paarmal, dass ihm nicht zum Lachen sei.

– Wie ihr seht, verfolgt mich das. Aber jetzt habe ich es wenigstens euch gesagt. – Und ich bin mir sicher, dass es bald zu den Zeitungen durchsickert – fügte er hinzu und lachte nun auch.

XV.

Wir setzten das Gespräch darüber fort, ob man ein literarisches Werk von seinem Autor trennen könne, wir berührten natürlich Ezra Pound, Handke, Céline und Cela, wie das alle machen, wenn sie über dieses Thema sprechen, und wer weiß, wie viel wir darüber herumpalavert hätten, wäre Sven nicht hartnäckig geblieben in der Absicht, sein Konzept zu Ende zu führen.

Kaum hatte er gefragt, wer der Nächste sei, begann schon Iris mit ihrer Geschichte und brachte uns rasch zu unserem Thema zurück, das den Abend vor Mladens literarisch-ethischen Verrenkungen bestimmt hatte. Offensichtlich brodelte diese Geschichte in ihr, seit Mladen sie bei dem Versuch unterbrochen hatte, auf seine Geringschätzung der Liebe zu antworten, und jetzt sprudelte es nur so aus ihr heraus.

– Was Tihana erzählt hat, ist nichts im Vergleich zu dem, was ich erlebt habe. Und ich habe das nicht verlangt, aber er hat darauf keine Rücksicht genommen, der Mann, den ich liebe und mit dem ich zusammenleben möchte. Ja, ich habe gesagt, dann geh doch, wenn du gehen musst. Aber er hat mich sehr verletzt, und ich habe ihm noch nicht vergeben. Obwohl ich weiß, dass ich das muss, wenn ich mit ihm zusammenbleiben will. Ich weiß auch, dass ich wieder in eine ähnliche Situation kommen werde, denn er ist so, er kann nicht anders. Aber ich war sogar bereit, es zu versuchen, ich weiß, dass er mit seiner Ex, einer seiner vielen, alles Mögliche gemacht hat, er hat es mir erzählt, und ich habe verstanden, dass er mir das erzählt, weil er mich miteinbeziehen will, und ich fand es nicht abstoßend, wenigstens nicht auf den ersten Blick, aber ich hatte nicht erwartet, dass er es gerade so durchziehen wird, ohne die geringste Rücksicht mir gegenüber. Er hatte keine Ahnung, wie ich mich fühle, oder es kümmerte ihn nicht, ich weiß noch nicht, was ich darüber denken soll, aber ich kann nicht einfach so darüber hinweggehen, sicher nicht, obwohl ich weiß, dass ich es will, ich will doch jetzt nicht von ihm ablassen wegen so einem Blödsinn. Ich habe ihm auch das angedroht, aber er hat mich nicht ernst genommen, er wartet nur, dass ich das verdaue, und benimmt sich, als wäre nichts geschehen. Ich meine, auch mich hat es überrascht, wie sehr mich alles angeekelt hat, er hat mir von solchen Dingen auch früher schon erzählt, und vielleicht haben sie mir sogar interessant geschienen, aber damals war ich nicht in ihn verliebt.

– He, he, langsam – unterbrach sie Sven – niemand kapiert das Geringste, du musst von Anfang an erzählen, was ist passiert, wo, wann. Nimm einen Schluck, hol tief Luft und, langsam, erleichtere deine Seele – sagte er und gab ihr eine von den Bierdosen, die er gerade aus dem Kühlschrank genommen hatte.

Iris gehorchte, nahm einen großen Schluck, schlug ein Bein über das andere, warf den Kopf ein wenig zurück, und nachdem sie ein paar Augenblicke an die Decke gesehen hatte, fuhr sie fort: – Wir sind vor Kurzem nach Tuhelj gefahren, in die Sauna. Ich war vorher noch nie in einer Sauna, ich bin mager und schwitze nicht gern, aber er liebt das, und so hat er mich überredet. Genau genommen liebt er es, zwischen nackten

Menschen zu sein, egal wo, in der Sauna, am FKK-Strand, wo immer etwas passieren kann. Er erzählte mir, dass dort auch wirklich alles Mögliche passiert, vor allem samstags, wenn viele Paare kommen, doch niemand wird mich anrühren, niemand zu etwas zwingen, alle sind diskret und aufmerksam, aber ich sehe vielleicht, wie sie einander verführen, sich verabreden, gemeinsam weggehen, das kann interessant sein, erklärte er mir. Aber ich sah sofort, dass es nicht so war. Aus der ersten Sauna bin ich schnell wieder raus, denn ich bin die Hitze nicht gewohnt, und bin in einen Jacuzzi gegangen, um dort auf ihn zu warten, und hinter mir kam ein Typ herein, setzte sich genau gegenüber, und bald berührte sein Fuß unter all den Bläschen meinen. Ich rückte weg, aber sein Fuß war wieder an meiner Wade, wie zufällig schwimmt er da in diesem Jacuzzi. Mir war klar, dass das nicht zufällig war, und ich wollte gerade rausgehen, als Mladen erschien. Er sprang hinein und fiel fast auf mich. Er war sehr gut gelaunt, und kaum hatte er sich zurechtgesetzt, fing er an, mich zu küssen, und ich flüsterte ihm zu, dass ich denke, dass mich dieser Typ absichtlich mit dem Fuß berührt. Er lachte und sagte, ich müsse deutlich zeigen, dass ich es nicht wolle, aber er konnte mich nicht überzeugen. Und wirklich, obwohl er neben mir saß und wir uns küssten, streckte der Typ wieder sein Bein zu mir aus, und ich spürte, wie er sich zwischen meine Knie drängte. Ich sagte das Mladen, und der sah ihn an und deutete ihm mit dem Finger, er solle das lassen, und er hörte tatsächlich auf. Das war alles.

Später probierten wir noch ein paar Saunen aus und ruhten uns zwischendurch in einem ziemlich dunklen Raum aus. Und es gelang mir auch, mich zu entspannen, und ich dachte, dass es ja gar nicht so schlecht sei, dieses Saunieren, und dass wir wiederkommen könnten, und sagte das sogar zu ihm, aber er hörte gar nicht zu, er deutete mit dem Kopf auf ein Paar, das gegenüber lag, und sagte: „Schau, davon habe ich dir erzählt." Ich versuchte, in dem Dunkel etwas zu sehen, und tatsächlich, bald erkannte ich, dass der Mann seine Partnerin am Bein streichelte, am Knie und an der Innenseite des Schenkels. Das erschien mir keiner besonderen Aufmerksamkeit wert, und ich sagte das auch zu Mladen, aber der flüsterte: „Schau nur!" Und tatsächlich bemerkte ich, dass diese Hand immer mehr in den Schritt der Frau hinaufglitt, aber da streichelt ein Mann seine Frau im Dunkeln, was soll's, dachte ich. Aber bald fing er an, sie an der Möse zu berühren, zwar sehr leicht und in der Dunkelheit kaum bemerkbar, aber es gab keinen Zweifel an dem, was er tat. Und sie begann ihre Beine immer mehr zu spreizen. Ich wandte mich ab, aber Mladen beugte sich jetzt zu mir und sagte, ich solle ruhig zusehen, sie würden das auch wollen. Ich sah wieder hin, und ja, er hatte recht, ihre Beine waren jetzt schon ziemlich breit geöffnet und seine Hand zwischen ihnen vergraben, und es bestand kein Zweifel, dass sie nicht verbargen, was sie taten. Jetzt blickte ich mich in dem Raum um und sah, dass auch die anderen begriffen hatten, was da ablief, der Mann zu meiner Rechten hob ein Knie, wie um etwas zu verbergen, aber an den Handbewegungen war eindeutig zu sehen, dass er ihnen ebenfalls zusah und an sich selbst herummachte. Der Typ, der Mladen gegenüber lag, direkt neben dem Paar, zu dem wir alle hinsahen, drehte sich zu ihnen um und beobachtete ihr Spiel ganz offen und versuchte alles aus einer möglichst nahen Position zu sehen. Es gab noch ein Paar in der anderen Ecke, gleich neben der Tür, aber die schienen die allgemeine Erregung im Raum als Einzige nicht bemerkt zu haben, oder wenn doch, reagierten sie nicht darauf. Für mich war das zu viel, vor allem als ich sah, dass der Typ neben mir jetzt offen masturbierte, dass er überhaupt nichts mehr verbarg, und ich stand auf und ging hinaus. Ich sagte Mladen, dass ich noch einmal zur Sauna gehe und dass er nur weiter zusehen und genießen solle. Ich klang sarkastisch, aber das hatte er vielleicht gar nicht registriert. Als ich zur Sauna kam, war sie gestopft voll, die gemäßigte, in der extremen war noch Platz, aber dort war es mir zu heiß, und so bin ich nach nur zwei, drei Minuten wieder raus und zurück zum Entspannungsraum. Weshalb sollte ich weglaufen, sollen sie tun, was sie wollen, ich werde mir die Kopfhörer aufsetzen und Musik hören. Als ich hineinkam, musste ich einen Augenblick stehen bleiben, um mich an die Dunkelheit zu gewöhnen, und bevor ich zu meiner Liege ging, sah ich, dass die Aktion fortgeschritten war, die Frau hatte die Beine so breit wie möglich gemacht, und die Hand des Mannes glitt zwischen ihren Schenkeln schnell rauf und runter. Und jetzt passierte das, weshalb ich euch das alles erzähle, Mladen kriegte mich überhaupt nicht mit, sondern stand in diesem Augenblick auf und ging zu dem Paar hinüber. Ich konnte nicht glauben, was da geschah, ich dachte, er wolle es auch von Nahem sehen, wie dieser Typ, der neben dem Paar saß und zusah, aber Mladen blieb nicht einfach stehen, er beugte sich vor, fasste die Hand des Mannes und schob sie von der Frau weg und griff dann selbst an ihre Möse. Ich stand mitten im Raum, starrte in die Dunkelheit und konnte mich nicht rühren. Alles das spielte sich blitzartig ab, sobald Mladen ihr in den Schritt gegriffen hatte, richtete sie sich auf und begann bei ihm zu wichsen, und der Mann, als hätte er nur darauf gewartet, ließ sich zurücksinken und fing ebenfalls an zu masturbieren. Im nächsten Augenblick war ihr Mund schon über Mladens Schwanz. Ich weiß nicht, wie lange das dauerte, aber es kann nicht lange gedauert haben, denn ich war ja mitten im Raum erstarrt und hätte doch wohl etwas gesagt oder getan, wenn es gedauert hätte. Jedenfalls zog er plötzlich zurück und spritzte ab in ihr Gesicht. Erst jetzt drehte er sich zu unseren Liegen um und sah mich dort mit offenem Mund stehen. Er ging an mir vorüber und warf sich auf die Liege, und als ich mich schließlich neben ihn legte, drehte er sich nur kurz zu mir um und sagte: „So, davon habe ich dir erzählt!"

Ich wusste nicht, ob er nur spielt, dass alles okay ist, oder ob er tatsächlich denkt, dass nichts Besonderes passiert ist, aber ich war außer mir. Ich hasse Szenen, vor allem vor anderen, also sammelte ich sofort meine Sachen ein und ging hinaus.

Bis zum Auto sagten wir kein Wort, aber als wir saßen, fragte ich ihn: „Was war denn das jetzt?"

Er antwortete, dass er mich darauf hingewiesen habe, welche Sachen dort samstags abgehen, und dass das eigentlich nichts Spezielles gewesen sei.

Aber da wurde ich laut: „Ja bist du noch normal! Dort waren noch fünf, sechs andere, aber du bist als Einziger von ihnen aufgestanden, und noch schlimmer, du hast vor ihnen allen den Mann weggeschoben und auf seine Frau abgespritzt.

Hast du denn keine Angst gehabt, dass er dir eine knallt, woher nimmst du so viel Frechheit?"

„Ich kenne solche Paare, die Vorstellung, die sie gegeben haben, hatte ja gerade den Zweck, dass jemand kommt, ich habe in keinem Moment gedacht, dass er wütend werden könnte. Und wie du gesehen hast, haben es beide gewollt", gab er völlig ruhig zur Antwort, zündete sich eine Zigarette an und fuhr los Richtung Zagreb. Aber ich habe natürlich keine Ruhe gegeben: „Und ich, an mich hast du nicht gedacht, ha, du hast nicht überlegt, ob ich wütend werde, wenn du das tust, fuck you."

Auch das hat ihn nicht gerührt. Er sagte, er habe gedacht, ich sei in der Sauna, und dass er mir später sowieso alles erzählt hätte. Und dass er mir schon erzählt habe, dass er ähnliche Sachen gemacht hat.

Ich konnte dem nicht zustimmen, er hatte mir zwar erzählt, dass er manchmal Swingerpartys besucht hat, aber das hier war etwas anderes. Ohne Absprache, ohne meine Einwilligung, so frech, so skrupellos, als gehörte die ganze Welt ihm, vor anderen Leuten, unter denen vielleicht auch welche waren, die sich vor all dem geekelt haben. Jedenfalls brachte er mich nach Hause, und ich erlaubte ihm nicht, mit hinaufzukommen in meine Wohnung, aber nach ein paar Tagen trafen wir uns wieder. Wir bemühen uns, es nicht zu erwähnen, aber wenn wir es erwähnen, regt mich am meisten auf, dass er sich die ganze Zeit benimmt, als würde er nicht verstehen, weshalb ich wütend bin. Denn ich hätte doch gewusst, wie er ist. Er hat doch nichts vor mir verborgen. Was habe ich denn erwartet? Dass er mit mir anders sein wird?

XVI.

– Da habt ihr's, gerade habe ich darüber gesprochen, und sie erwartet, dass ich mit ihr anders wäre. Warum? Ich habe doch nicht gelogen, als ich erzählte, wie ich bin und was ich liebe. Keiner Einzigen habe ich gesagt, dass ich etwas Falsches getan habe und dass ich mich ändern möchte. Ich verstehe diesen Mechanismus nicht – blieb Mladen unbarmherzig.

– Aber warum hast du dich dann bei mir entschuldigt?

– Um dich zu beruhigen! Damit du nicht weinst! Aber wenn du mit mir zusammen sein willst, musst du mich so akzeptieren, wie ich bin. Ich kann mich nicht mehr verstellen und lügen. So wie ich akzeptieren muss, dass dein PMS fünfzehn und nicht fünf Tage dauert. Und ich diese zwei Wochen wie auf Eiern gehen muss und nicht reagieren darf, wenn du mich grundlos anschreist.

Jetzt lief Iris ins Bad. Mladen stemmte sich hoch und hüpfte ihr auf einem Bein nach, hielt aber nach wenigen Metern an und kehrte zu seinem Sessel zurück.

– Du hast echt übertrieben – fauchte Magdalena böse, aber Mladen erwiderte nichts. Für einen Moment war nur Musik zu hören, das Thema aus *Dead Man* von Neil Young, ich dachte, dass es Sven immer gelingt, die perfekte Untermalung für jeden Augenblick zu finden, aber dann sagte Stanko, nachdem er seine Kehle freigeräuspert hatte, dass er zu Katarinas Geschichte doch noch etwas hinzufügen möchte.

Alle sahen ihn neugierig an, zufrieden, dass er uns aus der unangenehmen Stille erlöst hatte, und er fuhr ganz ruhig fort: – Ich bin rationaler Atheist, wie sie sagt, aber einmal habe ich mich doch an Gott gewandt. Als das Erdbeben in L'Aquila war. Katarina war beruflich in der Gegend, auf einem Übersetzungsseminar, und ich konnte sie einfach nicht ans Telefon kriegen. Die Verbindung war weg, sobald ich die Nummer eingetippt hatte. Im Fernsehen hatte ich die zerstörten Häuser gesehen und ich betete, dass alles okay ist. Spontan, ohne zu überlegen. Kein bestimmtes Gebet, ich wiederholte nur immer wieder: „Ich bitte dich …" Wie die Zeit verging und die Anzahl der Toten in den Berichten anstieg, wurde meine Panik immer größer. Und so versuchte ich in meiner Verzweiflung einen Vertrag mit Gott auszuhandeln. Ich versprach, an ihn zu glauben, wenn mit ihr alles in Ordnung ist. Aber interessant ist auch, wie sich ihre Angst auf mich übertrug. Ich dachte nicht so sehr an den Tod, den Gedanken schob ich weit von mir, auch wenn gerade er der Hauptgrund meiner panischen Reaktion war. Aber sie leidet an Klaustrophobie, und der Gedanke, sie könnte irgendwo unter den Ruinen verschüttet liegen, selbst wenn ihr nichts passiert ist, erfüllte mich mit Grauen. Mir schien es, als könnte ich ihre Angst empfinden und wenn ich mich selbst beruhigte, auch sie beruhigen. Das war etwas, was einer mystischen Erfahrung in meinem Leben am nächsten kam.

– Und? Wie ist es ausgegangen?

– Sie war in einem neuen Hotel, das nicht zerstört war. Alles war okay.

– Das ist mir klar. Ich frage, ob du tatsächlich gläubig geworden bist. Oder zumindest darüber nachgedacht hast.

– Irgendwie bin ich später darüber hinweggegangen. Vergessen. Aber damals habe ich gebetet, das wollte ich sagen. Und dass die Angst an diesem Morgen jede Faser meines Körpers ausgefüllt hat. Ich denke nichts Besonderes darüber, sondern dass die Menschen schwach sind und bereit, nach jeder Art Hilfe zu greifen, wenn es ihnen schlecht geht. Aber vielleicht ist es interessant im Kontext dessen, was Katarina erzählt hat.

– Ist Angst ein hinreichender Beweis für Liebe? – sprang Andrej bereitwillig ein, aber sofort schimpften alle laut über ihn, und dann meldete sich Sven zu Wort: – Jetzt ist die Reihe an dir, Andrej! Es ist leicht, andere zu kommentieren, aber lass uns jetzt dich hören! Zehn Jahre Ehe. Niemand hat jemals irgendwas tratschen gehört, niemand hat dich jemals mit einer anderen gesehen. Ich kann es kaum erwarten, dass du uns endlich ein paar schreckliche Details offenbarst – sagte er, während er neue Linien auf dem Tisch zog.

Zuerst bot er Andrej davon an: – Nimm, damit du die Bremse leichter lösen kannst. – Aber Andrej winkte ab: – Nicht nötig. Ich werde euch nichts über meine Frau erzählen oder über egal welche Frau – sagte er unter Lachen. – Ich weiß, dass viele von euch denken oder mich sogar offen damit aufziehen, dass ich langweilig bin. Genauer, dass ich so gut bin, dass ich langweilig bin. Das ist interessant. Wann immer ein Freund Geld braucht, ich leihe es ihm. Langweilig. Wenn ihm um zwei Uhr morgens die Batterie eingeht, irgendwo in der Pampa, was Tomo passiert ist, melde ich mich am Handy. Um zwei Uhr morgens, das macht keiner von euch. Und dann in die Garage, das Starthilfekabel holen, und dreißig Kilometer weit fahren, auf den Gipfel der Plešivica. Und dann suche ich ihn noch eine halbe Stunde bei den Wochenendhäusern dort, denn wie soll ich diese Hütte im Wald finden, ohne GPS. Wirklich eine langweilige Hartnäckigkeit. Und nebenbei, dieses Kabel habe ich gekauft, als er mich das erste Mal anrief und ich keines hatte, damals, als ich auf dem Sljeme war. Als ob ich gewusst hätte, dass er wieder eines brauchen würde. Gut, ich übertreibe, aber fast war es so. Weiter, wenn jemand seiner Frau vorlügen muss, dass er mit Freunden beim Abendessen war, aber mit seiner Geliebten zusammen war, wisst ihr alle, dass ihr mich als Alibi haben könnt, ich werde es immer bestätigen. Aber ich bin für euch langweilig, zum Verrecken langweilig, deshalb, weil ihr euch auf mich verlassen könnt und ich euch nicht hängen lasse. Langweilig ist für euch auch, dass ich meine Frau nicht betrüge, und ihr könnt es kaum erwarten, dass sie mir Hörner aufsetzt und dass sich herausstellt, was für ein Kretin ich bin, der ich so viele Gelegenheiten ausgelassen habe. Wie oft habt ihr mich zu überreden versucht, nach diversen Präsentationen in diversen Städten, dass auch ich mich mit einer einlasse, und wie oft habt ihr euch über mich lustig gemacht, weil ich nicht wollte, weil ich lächerlich war, während ich höflich versucht habe, eine angetrunkene Frau abzuwehren, die sich an mich gehängt hatte. Wie geht noch die Anekdote aus Frankfurt, als wir auf der Fete bei dieser Blonden gelandet waren, die halbe Messe bei ihr in der riesigen Wohnung, und sie möchte, dass gerade ich ihr helfe, das Geschirr wegzuräumen, nachdem alle gegangen sind. Ihr musstet mich zwei Monate lang damit aufziehen, dass ich tatsächlich darauf bestanden hätte, ihr beim Geschirrwaschen zu helfen, aber sie hätte nur vögeln wollen, und ich hätte am Schluss angeblich auch noch den Staubsauger genommen, ich erinnere mich an alles, was ihr gesagt habt, damit euch nicht langweilig wird. Dass ich selbst aus einer kaputten Familie komme, ein Kind, das sich vor und nach der Scheidung an Streit sattgesehen hat, und dass ich das meinen Kindern nicht antun wollte, ist nie zu euch durchgedrungen. Außerdem, eine Scheidung hat mir genügt. Dass jemand auf etwas verzichtet – stimmt, diese Blonde war schön und klug –, weil ihm etwas anderes wichtiger ist, war für euch völlig unverständlich. Wie auch, dass ich nach der Präsentation nach Hause gelaufen bin, um meiner Frau zu helfen, die Kinder ins Bett zu bringen, und nicht mit euch was trinken gegangen bin. So viele langweilige Dinge hat es in meinem Leben gegeben.

Ja, und ich habe eure Texte gelesen, wann immer ihr sie mir geschickt habt. Einige schicken mir alles, was sie so hinkleistern, sogar Skizzen. Und wenn ich drei Romane auf dem Tisch habe, die ich bis zur Interliber redigieren muss, wissen sie, dass ich sie lesen werde und auch bereit bin, stundenlang mit ihnen darüber zu reden, was man verbessern könnte und wie. Und nachdem sie gesehen haben, dass ich wirklich versuche zu helfen, waren manche sogar bereit zu verlangen, dass ich eine Szene an ihrer Stelle schreibe, wenn ich das schon so gut erklärt habe.

Wenn es galt, auf Präsentationen zu sprechen, wusstet ihr, dass ich es euch nicht abschlagen werde, obwohl ich dafür gewöhnlich keine Kuna bekommen habe. Selbst wenn ihr angerufen und verlangt habt, ich solle am nächsten Tag auf einer Präsentation sprechen, weil jemand im letzten Moment abgesagt hat. Und dann habe ich die ganze Nacht diesen Roman gelesen, der nebenbei gesagt nichts Besonderes war, und am nächsten Tag darüber gesprochen. Auch das war ein entsetzlich langweiliges und vorhersehbares Verhalten. Und dann waren da die vielen Rezensionen, die Gutachten bei Wettbewerben, niemand hat so viele geschrieben wie ich, denn, so ist es eben, ich weise Freunde nie ab. An was habe ich mich nicht erinnert, kommt, helft mir. Du, Tomo, hast von mir verlangt, dass ich dich mit einem Mädchen in die Wohnung lasse, sie wollte nicht ins Hotel und nicht ins Auto, und da hast du dich an mich erinnert, und ich habe dir den Schlüssel gegeben und bin auf dem Mirogoj spazieren gegangen. Es war Allerheiligen, Flämmchen, wohin man sah, Tausende davon vertrieben die Dunkelheit. Ich war überrascht, wie schön es ist. Ich habe nie mit meiner Frau und den Kindern auf den Friedhof von Rijeka gewollt, ich hasse Friedhöfe, aber dann bin ich auf dem Zagreber Friedhof gelandet. Aber es war nicht schlecht, ich bin dir für dieses Erlebnis dankbar. Give me five – rief er fröhlich und beugte sich zu Tomo vor, und als ihre Hände ineinander klatschten, drehte er sich sofort zur anderen Seite um und sagte: – Mladen, deine Loverin habe ich einmal zum Magenauspumpen gebracht, du erinnerst dich. Sie hatte sich auf einer Fete so betrunken, dass sie nicht mehr sitzen konnte, und du konntest sie nicht zur Ambulanz fahren, weil dich deine Frau angerufen hatte, dass du nach Hause kommen sollst, es war fast Morgen. Ich habe sie hingefahren und Stunden vor der Ambulanz gewartet, bis sie ausgenüchtert war, um sie nach Hause zu bringen. Jedenfalls, um es nicht in die Länge zu ziehen, die Tatsache, dass ich immer bereit war, euch zu helfen, selbst wenn es von meiner Seite Opfer erforderte, hat zu interessanten Resultaten geführt – ich wurde für euch alle langweilig, sodass ich mich zeitweilig fragte, ob wir uns nur deshalb sehen, weil ihr von mir profitiert.

– Fuck, Alter, jetzt hast du den Diskurs aber ordentlich verschärft – sagte Sven lachend. – Soll er, so ist es gut. Und dass ihn mir jetzt keiner unterbricht. Soll der Mann sagen, was ihm auf der Seele liegt.

– So ist die Nacht, morgen haben wir alles vergessen – auch Andrej lachte, kippte seinen Whisky hinunter, zündete sich eine Zigarette an und fuhr, nachdem sein Blick prüfend über unsere Gesichter gewandert war, zufrieden fort: – Ich war nicht gerade jedes Mal glücklich, wenn ihr mich gerufen habt. Manchmal ist es mir echt schwergefallen, aus dem Bett zu kommen, und ich habe euch zum Teufel gewünscht, aber ich bin aufgestanden und gekommen, oder was immer gebraucht wurde. Ich konnte euch auch Geld leihen, wenn ich selbst welches brauchte, weil mir schien, dass ihr es mehr brauchtet. Goran hatte nichts, wo er wohnen konnte, und ich wollte ein neues Auto. Scheiß drauf, was soll's, ich habe mich noch ein wenig geduldet. Ich denke, dass ich in diesen rund zwanzig Jahren, die wir uns kennen, einige Male zu dem Schluss gekommen bin, dass das, was ihr verlangt, Blödsinn ist, worauf man nichts geben muss. Und? Was habe ich zurückbekommen? Die meisten von euch denken, dass ich ein guter und langweiliger, vorhersehbarer Mensch bin. Und nicht gerade ein Hauptgewinn. Und dass die Tatsache, dass ich immer bereit war, euch aus der Patsche zu helfen, nie bedeutet hat, dass auch ihr mir helfen werdet. Einige von euch haben es, aber einige bei Gott nicht. Aber das interessiert mich jetzt nicht. Das ist keine Geschichte über euch, sondern über mich. Jemand hat mich einmal gefragt – warum bist du so verrückt, warum hast du ihm fünftausend Euro geliehen, wenn er dir die vorigen tausend nicht zurückgeben konnte. Deshalb, weil er sie gebraucht hat, mehr als ich. Das war für mich keine große Sache, aber ihr anderen habt euch nicht so verhalten. Als Goran die Wohnung kaufen wollte, habt ihr gerade etwas renoviert, Kredite getilgt, Doktorate bezahlt … Mir ist es nicht schwergefallen, ich habe einem Freund geholfen, sich ein Heim zu schaffen, und auch wenn ich zwanzig Jahre auf diese Euros warten muss, ist es nicht schlimm, ich werde es überleben. Schwerer ist mir gefallen, das Haus zu verlassen, als ich gerade vorhatte, die ganze Staffel *Borgen* zu sehen, weil ihr mit eurem Mädchen nicht wusstet, wohin, außer zu mir. In solchen Situationen musste ich echt mit mir kämpfen. Und während ich dir das Kabel brachte, Tomo, habe ich die ganze Zeit geflucht. Du Arsch mit Ohren, mach doch das Licht im Auto aus, während du in einem Wochenendhaus am Ende der Welt am Vögeln bist, du kannst doch nicht nur daran denken, wie du zwischen ihre Beine kommst. Aber ich habe es dir gebracht. Und als ich an euren Geburtstagen am Grill gestanden und mich am Feuer verbrannt habe, während ihr euch im Garten in den Sesseln gefläzt habt, denn ich bin der beste Grillmeister, konnte ich euch alle zum Teufel wünschen, aber ich mochte das, ich mochte euch zufrieden und befriedigt sehen. Ich bin ein bisschen konfus, ich habe viel getrunken, aber ich will sagen, dass ich euch auch dann geholfen habe, wenn es für mich nicht leicht war, dass ich das manchmal auch gegen meinen

Willen getan habe, aber ich habe es getan, weil ich gedacht habe, dass es sich so gehört. Es ist nicht Gutmütigkeit, wie ihr sagt, etwas, was von selbst kommt, sondern hat manchmal auch einen großen Kampf mit mir bedeutet. Alles das ist miteinander vermischt, wir denken alles Mögliche, aber wichtig ist, was wir am Ende tun. Es gibt allerdings auch einen Grund, der völlig außen vor ist. Außerhalb dieser Gutmütigkeit ... Und jetzt kommt's, wenn ich hier heute Abend etwas gestehen muss, dann Folgendes: Auch ich war nicht immer der Gute!

Als er das sagte, ein wenig theatralisch, aber eigentlich selbstironisch, hob er die Stimme. Wie gewöhnlich reagierte Sven als Erster: – Bist du gelähmt, was für eine Einleitung, um uns jetzt zu erzählen, dass er einmal doch seine Frau betrogen hat. Wir haben es gewusst, Andrej, wir haben es alle gewusst, dass auch du nur ein Mensch bist. Nur war uns nicht klar, warum du das verschweigst.

– Und warum habt ihr nicht gefragt?

– Ja, wenn du doch immer so zugeknöpft bist. Wir wollten nicht aufdringlich sein. Aber gut, erzähl, was du getan hast, damit wir dir diese Aureole vom Kopf nehmen.

– Einmal habe ich meine Frau betrogen, genau, aber das wisst ihr. Betrogen habe ich meine Ex, denn ich hatte mich in Meggi verliebt. Aber Meggi habe ich nicht betrogen, und da habe ich nichts zu gestehen. Aber dafür werde ich euch etwas erzählen, von dem ich gedacht habe, dass ich es bis ins Grab verheimlichen werde.

Einige lachten. Offenbar klang es für sie nicht überzeugend, aber Andrej kümmerte sich nicht darum.

– Auch Meggi weiß nichts davon – sagte er und sah zu ihr. Sie nickte, als wollte sie sagen, mach nur, und er fuhr fort: – Eigentlich habe ich, als Sven dieses große Geschichtenerzählen vorschlug, sofort gespürt, wie es mich kalt überläuft, und sehr schnell war mir klar, dass es kein Zurück gibt, dass das heute Abend rausmuss. Es war am Ende des Gymnasiums. Eine Fete vor dem Auseinandergehen und dem Wehrdienst. Den ganzen Tag und die ganze Nacht haben wir getrunken, uns amüsiert und überlegt, welchen Blödsinn wir noch machen sollen. Es war schon vier Uhr morgens, und die Leute gingen langsam auseinander, aber wir hatten noch keine Lust. Wir wollten noch irgendwo die Sau rauslassen. Und dann sind wir im Park auf dem Trsat auf diesen Betrunkenen gestoßen. Er saß auf der Bank. Jemand warf ihm etwas zu, aber er reagierte nicht. Dann fragte ich ihn, ob er Feuer habe, aber er schwieg noch immer.

„He, Feuer? Hast du Feuer?", schrie einer von uns.

Der Mann zuckte nicht einmal. Unser Freund trat zu ihm und sah ihn sich von Nahem an, wedelte mit der Hand vor seinen Augen hin und her und drehte sich, als er nicht reagierte, zu uns um und rief: „Total zu. Stockbesoffen." Alles begleitet von einem breiten Grinsen. Dann nahm er ihm die Mütze vom Kopf und warf sie einem von uns zu. Der Mann rührte sich nicht, aber wir bogen uns vor Lachen. Dann fingen wir an, ihn anzustoßen, an den Ohren zu ziehen, aber er krauste nicht einmal die Stirn. Total zubetoniert. Ich weiß nicht, was wir alles mit ihm gemacht haben. Jemand schob ihm Papierröllchen in die Nasenlöcher, sodass sie ihm heraushingen wie Stoßzähne. Dann banden wir ihm die Schuhe aneinander.

Einer hatte einen Filzstift im Rucksack und schrieb auf seinen Rücken: Ich habe einen kleinen Schwanz.

Während der ganzen Zeit rührte er sich nicht, und das hat uns wohl provoziert; so als täte er das absichtlich, als ignorierte er uns, und wir dachten uns immer ekelhaftere Sache aus und brüllten vor Lachen. Einer pisste ihn an, zuerst seine Schuhe, dann hob er den Strahl und pisste ihm an die Beine und höher, aber der Mann murmelte nur etwas, als würde er Fliegen vertreiben. Und da habe ich gesagt, dass ich weiß, was ihn dazu bringen wird, nicht nur sich zu bewegen, sondern vor uns zu springen, ja zu tanzen. Und zog mein Feuerzeug aus der Tasche. Ich trat von hinten an ihn heran, zündete das Feuerzeug und hielt die Flamme an den Saum seines Sakkos. Es dauerte, bis die Flamme übersprang, aber dann loderte sie auf, und das Feuer begann den Rücken hinaufzusteigen. Wir schütteten uns vor Lachen aus und warteten, dass er aufspringt und sich auf dem Boden wälzt, aber er war so betrunken, dass er auch auf das Feuer nicht reagierte. Er blieb weiter sitzen, und sein Rücken hatte sich schon im nächsten Augenblick in eine Fackel verwandelt. Und als wir sahen, dass der Mann brennt und dass er nicht reagiert, sind wir nicht hingesprungen, um zu löschen, nein, wir sind weggelaufen. Ab durch den Park, und dann zwischen die Wohnblocks, so schnell uns die Beine trugen.

Als ich nach Hause kam, war ich völlig nüchtern. Das Grauen, das ich wegen dem empfand, was ich getan hatte, hatte mich ausgenüchtert. Ich wollte zum Park zurück, einen Krankenwagen rufen, die Polizei rufen, aber nichts von alledem habe ich getan. Ich saß nur auf dem Boden, den Rücken an die kalte Heizung gelehnt, und der Schweiß tropfte auf den Teppich. Das lässt sich nicht wiedergutmachen, lediglich dieser Satz ging mir durch den Kopf. Am Ende schluckte ich einen Haufen Tabletten, nahm zwei, drei Apaurin aus Mutters Necessaire im Badezimmer, nur um einzuschlafen. Am nächsten Abend wartete ich vor dem Kiosk auf die Abendausgabe von *Novi list*. Ich strich eine ganze Stunde um ihn herum, bis endlich der Kombi mit den Zeitungen erschien. So fühlen sich vermutlich Menschen, die auf das Resultat eines AIDS-Tests warten. Du wartest auf etwas, und wenn es da ist und es ist schlecht, weißt du, dass es danach nichts Gutes mehr gibt, dass es aus ist. Und tatsächlich, auf der Titelseite stand, dass Hooligans auf dem Trsat einen Mann angezündet hätten.

Andrej hielt inne, und wir schwiegen alle und sahen ihn an. Er nahm sich eine Zigarette, zündete sie an und stieß den Rauch aus, und erst dann sagte er: – Er war nicht tot. Jemand war im letzten Augenblick vorbeigekommen und hatte ihn auf die Erde geworfen und das Feuer gelöscht. Er war im Krankenhaus mit Verbrennungen dritten Grades am Rücken. Er erinnerte sich an nichts, er wusste nicht, wer ihn angezündet hatte. Auch nicht, weshalb. Und der, der ihn gerettet hat, hat auch nur von Weitem gesehen, wie wir weggelaufen sind.

Zuerst empfand ich Erleichterung, große Erleichterung, so als hätte mir jemand das Leben zurückgegeben. Und eine zweite Chance. Aber dann wusste ich nicht, wie weiter. Ich hatte beinahe einen Menschen umgebracht. Ich hatte ihn schwer verletzt. Das wollte mir nicht aus dem Kopf. Meine Leute dachten, meine Freundin hätte mich verlassen, was sonst hätte jemanden in diesem Alter so quälen können. Und ich überlegte,

zur Polizei zu gehen und mich zu stellen. Oder zu diesem
Menschen ins Krankenhaus. Aber ich habe weder das eine
noch das andere getan, ich bin zum Militär gegangen und
habe ein ganzes Jahr über das nachgedacht, was geschehen
war. Und am Ende beschlossen, das Böse, das ich getan hatte,
wiedergutzumachen. Mir blieb noch ein ganzes Leben und ein
Haufen Gelegenheiten, Gutes zu tun, und vielleicht, am Ende,
wenn ich tatsächlich jede Gelegenheit nutzte, anderen zu helfen, brachte die Menge an Gutem die Waagschale ins Gleichgewicht.

Lange habe ich nicht daran gedacht, und es ist seltsam,
heute darüber zu sprechen, aber vielleicht hat mich das, in gewisser Weise, vor viel schlimmeren Dingen bewahrt, die ich
getan hätte, wenn ich an jenem Abend nicht den Betrunkenen
in Brand gesetzt hätte. So bin ich jedenfalls der große Lang-
weiler geworden! – presste er am Ende grinsend durch die
Zähne und sah uns fast heiter an.

Aber wir schwiegen noch immer. Bis Sven zum Zigaretten-
papier griff, um noch einen Joint zu drehen: – Eine vertrackte
Geschichte – sagte er, während er das Haschisch zerkrümelte,
und dann meldete sich Mladen zu Wort: – Mir kommt es
nicht gerade überzeugend vor, ehrlich. Gut sein, um seine Sün-
den abzubüßen. Vielleicht hast du das damals gedacht, aber
mit der Zeit hat sich das in eine Art und Weise verwandelt,
Sympathien einzuheimsen, und das nicht nur in unseren Augen, sondern auch in deinen eigenen. Du erschlägst uns mit
deinem Gutsein. Wir geben dir das Geld nicht zurück, und du
leihst uns neues. Wir sind keine hergelaufenen Idioten, wir haben uns nicht gedacht, was für ein armer Tropf, den muss man

ausnutzen, sondern – er ist besser als wir. Und du hast das gesehen, und es hat dir gefallen. Kann man sich wirklich fünf-
undzwanzig Jahre lang für eine Jugendtorheit bestrafen? Ja, es
war gefährlich, es hätte tragisch enden können, aber niemand
ist gestorben, niemand hat dich gesucht, und du hättest es mit
der Zeit sicher vergessen, die Menschen vergessen auch schlim-
mere Dinge, wenn du dich nicht so darauf kapriziert hättest.
Ich war jung und verrückt, ich war betrunken, ich habe nicht
gewusst, dass seine Jacke mit Alkohol getränkt ist und dass
sie so auflodern wird, tausend Entschuldigungen lassen sich
da finden, und dann lebt man irgendwie weiter. Aber du hast
um das Ganze einen Palast errichtet, in dem du dich gut gefühlt hast, ein ganzes System, und deshalb hast du dich so
benommen.

– Ob dahinter ein System war oder nicht, mir haben diese
fünftausend Euro wirklich geholfen, und das werde ich ihm
nie vergessen – meldete ich mich zu Wort, denn das konnte ich
nicht verschweigen.

– Ich denke, dass wir alle so funktionieren – mischte sich
Tihana ein. – Zu einem bedeutenden Ereignis kehren wir oft
zurück, wir denken darüber nach, über seine Folgen, wir analysieren, erinnern uns, erleben es erneut, und die Neuronen-
pfade, die in unserem Gehirn zu ihm führen, werden mit der
Zeit ganz ausgetreten, verwandeln sich in eine richtige Auto-
bahn, während über die Pfade zu anderen, weniger wichtigen
Ereignissen immer mehr Gras wächst, sodass sie am Ende gar
nicht mehr zu sehen sind. Alle haben wir im Leben solche Ereignisse, und gerade um sie herum konstruieren wir unsere
Identitäten, definieren wir unser späteres Verhalten. Und wenn

wir uns auf die Schnelle, für ein paar Sekunden, unseres Lebens erinnern möchten, folgen wir dem Pfad von dem einen zu dem anderen Ereignis.

– Tihana hat recht. Meiner ersten Frau bin ich fünf Jahre lang nachgelaufen, und sie hat lange Zeit überhaupt keine Notiz von mir genommen. Das hat in meiner späteren Erinnerung mythische Dimensionen angenommen als eine Zeit ständiger Sehnsucht, und die Liebe wurde etwas, um das es sich zu bemühen galt, das man nicht so leicht aufgibt – sagte Stanko und lächelte etwas verunsichert. Dann dachte er ein paar Momente nach und fügte hinzu: – Ich will damit nicht sagen, dass sich unsere jetzigen Entscheidungen vorhersehen lassen, wenn wir alle unsere vergangenen Entscheidungen kennen, sondern dass das, wie wir die eigene Vergangenheit interpretieren, ein wichtiger Teil des Codes ist, der uns das Verstehen unserer Gegenwart ermöglicht. Und dass jede persönliche Veränderung eine Neuinterpretation der eigenen Vergangenheit erfordert.

– Aber vielleicht hat dir nur dieses Bild eines Mannes gefallen, der stets bekommt, was er will, wie schwer der Kampf auch immer war. Und du hast weiter auf ihm aufgebaut, überzeugt, dass dir keine einzige Frau entgeht, wenn du sie tatsächlich begehrst. So wie Andrej unsere Dankbarkeit behagt hat. Und er ständig auf der Suche nach einer neuen Gelegenheit war, sie zu provozieren. Obwohl er das als Folge einer lang zurückliegenden Entscheidung interpretiert hat.

– Das, was geschehen war, hat mich zum Nachdenken gebracht, und ich bin zu Schlüssen gekommen, die offensichtlich unglaubhaft klingen, wie zum Beispiel, dass es besser ist, gut zu sein als schlecht. Natürlich habe ich nicht jeden Tag darüber nachgedacht, und es ist mir auch nicht in den Sinn gekommen, wenn jemand Hilfe brauchte, aber dieser brutale Überfall auf den Betrunkenen hat mich dazu gebracht, über alles nachzudenken und mein Leben neu zu ordnen. Aber, hör mal, wir sollten eine Geschichte erzählen, und ich habe sie erzählt, und jetzt begreif du sie, wie du willst.

– Mir ist nicht klar, warum du mir das nie erzählt hast – ließ sich endlich auch Magdalena vernehmen. – Ich hätte es verstanden – sagte sie und nahm seine Hand, aber Andrej fühlte sich von Mladens Bemerkung offenbar getroffen, er stand abrupt auf und verschwand in Richtung WC.

XVII.

Erst als wir den Kopf hoben und ihm nachblickten, sahen wir dort, an den Türrahmen gelehnt, Feri stehen.

– Ich stimme Andrej zu. Wichtig ist nur, was du tust, wie du dich verhältst, und nicht, was dir während dieser Zeit durch den Kopf geht. Wir sind ein komplizierter Haufen widersprüchlicher Impulse – Super-Ego, Frustrationen, kaputte Charaktere, das kann ich bis morgen aufzählen … sodass am Ende nur das zählt, was du tust. Wir sind das, was wir tun – wiederholte er und klopfte Andrej, als der an ihm vorüberging, freundschaftlich auf die Schulter. Offensichtlich hatte er dort schon eine Zeit lang gestanden und zumindest einen Teil von Andrejs Geschichte gehört. Mit zerzaustem Haar und schlaftrunken ging er jetzt zum Spülbecken und schenkt sich ein Glas Wasser ein. – O fuck, ihr seid noch immer hier, und es ist schon Morgen – murmelte er zwischen zwei Schlucken.

– Wenn wir uns doch wohlgefühlt haben – sagte Tomo – und wir warten auch darauf, dass Franzen zurückkommt.

– Ach nein, wir wollten nicht gehen, bevor wir uns nicht von dir verabschiedet haben – warf Franka fröhlich ein.

– Du hast keine Ahnung, was du versäumt hast – fügte Tomo hinzu.

– War nicht alles genauso wie letztes Mal und vorletztes Mal und das Mal davor? – erwiderte Feri.

– Nein. Wir erzählen Geschichten, und wir werden nicht gehen, bevor du nicht auch deine erzählt hast. Und wir werden auch Franzen bitten, wenn er zurückkommt, seine zu erzählen.

Als er hörte, worum es sich drehte, schüttelte Feri den Kopf:
– Das geht nicht, ich habe eure nicht gehört, nur das Ende von Andrejs, und da kann ich euch meine nicht erzählen.

In diesem Augenblick kam Andrej aus dem Badezimmer zurück und sagte zu Mladen, dass es gut wäre, wenn er nach Iris sähe, was er auch tat. Aber sehr rasch kam er auf einem Bein wieder ins Zimmer gehüpft und verkündete schon vom Eingang her, dass sie jetzt gehen. Einige von uns winkten in seine Richtung, aber niemand regte sich allzu sehr auf, wir waren damit beschäftigt, Feri zum Erzählen zu bringen.

– Du musst – versuchte es Franka betrunken, nachdem sie aufgestanden war und sich ihm um den Hals gehängt hatte.
– Was wäre das für eine Nacht, würden wir nicht auch deine Geschichte hören.

Feri wartete, dass sie ihn losließ und sich wieder setzte, dann nahm er auch selbst am Tisch Platz, aber auf unser Drängen hin schüttelte er nur den Kopf: – Ich werde euch das größte Geheimnis meines Lebens aus einem einfachen Grund nicht erzählen: Ich habe alle meine geheimen Geschichten schon niedergeschrieben.

– Komm, lüg nicht. Du bist nicht der einzige Schriftsteller hier.

– Ich lüge nie, beziehungsweise nur, wenn ich schreibe – Feri lachte. – Aber okay, hier ein Kompromiss, ich kann euch erzählen, wie ich mich zum Einschlafen bringe, wenn ich nicht einschlafen kann, wenn auch kein Apaurin mehr hilft. Ich denke, dass das keiner von euch hier weiß.

Einige murrten noch immer, sie wollten eine richtige Geschichte, aber der Zeremonienmeister hatte wieder entschieden: – He, jetzt lasst ihn mal von der Leine, soll er erzählen, was er will – sagte er, während er seine letzten Bestände aus der Tasche klaubte. Er wickelte alle Tütchen aus, die er darin fand, und schüttete den Inhalt auf den Tisch. – Nicht schlecht, eine Strecke Speed, ein paar Kristalle MDMA, eine halbe Strecke 3-MMC und Suboxone, für jeden etwas, aber ihr könnt auch von jedem ein bisschen nehmen – erklärte er, während er die Drogen verteilte, dann sah er Feri fragend an und sagte: – Komm, Feri, worauf wartest du?

– Na, ich schaue zu, wie ein Medizinmann, echt. Gut, okay, wenn ich das Buch auf den Nachttisch zurücklege und das Licht ausmache, bin ich gewöhnlich schon sehr schläfrig und warte meistens nur noch darauf, dass ich aufhöre, wach zu sein, aber manchmal trügt die Schläfrigkeit, und ich werde nach einer gewissen Zeit völlig wach. Dann, vor allem wenn ich morgens früh aufstehen muss, packt mich die Nervosität, ich beginne mir vorzustellen, wie ich bei einer Präsentation sitze. Alle schweigen und lauschen dem monotonen, rhythmischen Sprachfluss des Vortragenden. Ich höre nicht, was er sagt, zu mir dringen nur die Laute, die aus seinem Mund rieseln, wie das Tröpfeln des Regens. Viele im Publikum gähnen, und ich sehe die ganze Zeit auf den Nacken eines Literaturkritikers, der vor mir sitzt. Das letzte Mal hat er einen Haufen Dummheiten über meinen Roman geschrieben, und jetzt hat ihn ein glückliches Schicksal genau vor mich geführt. Nicht nur, dass er nichts verstanden hat, er war auch noch boshaft und beleidigend, und ich sehe jetzt, wie seine geschwollene Halsschlagader pocht. Ich kann fast hören, wie das Blut trommelt, und dieses Trommeln schläfert mich langsam ein. Ich hatte mir vorgenommen, einen Text darüber zu schreiben, wie falsch er alles verstanden hat, aber ich wusste, dass das keinen Sinn hat, und habe darauf verzichtet. Aber jetzt ist er da, er sitzt vor mir, vielleicht ist ihm nicht bewusst, dass ich hinter ihm sitze, und ich sehe diesen Nacken, sehe diesen Hals und die geschwollene Ader, die pocht … Und dann schiebe ich die Hand in die Tasche, in der ich immer ein Springmesser mit mir trage, öffne es langsam und streichle es in der Tasche. Und dann stelle ich mir vor, wie ich im nächsten Augenblick nur so über seinen Hals ratsche, ratsch, und fertig, leise und wirkungsvoll, fast lautlos, nur ratsch, und ein leichtes Gurgeln kommt aus seiner Kehle, und ich schlafe ein wie ein Baby. Aber ich tue es nie wirklich, immer schlafe ich in dem Augenblick ein, in dem ich mir vorstelle, wie ich es tue und welche Ruhe mich dann überkommt.

Ihr dürft euch jetzt nicht über mich entsetzen – sagte er und lachte – wie wir eben gehört haben, ist wichtig, was du tust, nicht, was du möchtest oder denkst. Und ich schicke meinen Kritikern immer eine Mail, in der ich ihnen danke, dass sie über mein Buch geschrieben haben, und wenn es sich um eine Frau handelt, schicke ich ihr auch Blumen.

– Jetzt hör aber auf. Du verarschst uns! Du lügst! So kommst du uns nicht davon – fuhren einige von uns auf.

– Ich lüge nicht. Tatsächlich schläfere ich mich so ein, und wenn das nicht wirkt, und das kommt wirklich selten vor, habe ich ein Schlaflied für die allerschwersten Fälle von Schlaflosigkeit.

– Brrr, was wird das erst sein, wenn das für leichte Fälle schon so ist – ließ sich die betrunkene Franka wieder vernehmen.

– Das spielt sich in einem großen Hof ab, manchmal sogar in einem Stadion, in dem Hunderte und Aberhunderte, vielleicht auch Tausende Galgen aufgereiht stehen. Sie sind simpel, zwei Balken in Form des Buchstabens T, und auf jeder Seite dieses T hängt jeweils ein Strick mit einer Schlinge. Über den ganzen Platz verteilt, alle fünf Meter, stehen Reihe um Reihe lauter Galgen in Form des Buchstabens T. Im Stadion herrscht völlige Stille. Unter jedem Galgen ein Stuhl, und auf ihm steht ein kleines Kind. Alle Kinder sind gleich gekleidet. Keines weint, keines sagt etwas. Ein Mann, gleich gekleidet wie diese Kinder, geht durch die Reihen und prüft, ob alles so aufgestellt ist, wie es zu sein hat. Und dann geht es los. Der erste Stuhl fällt um, klapp, und der nächste, klapp, der nächste, klapp, der nächste, klapp, und dann der hundertste, klapp, klapp, klapp, klapp, klapp … wie Musik in vollkommener Stille. Manchmal scheint mir, dass ich in diesem Rhythmus die *Ode an die Freude* erkenne, aber … was das Wichtigste ist, ich schlafe immer ein, bevor alle Stühle umgefallen sind.

Als er fertig war, blickte er nach links und rechts und fragte dann fröhlich mit einem teuflischen Lächeln: – So, kann ich jetzt zurück ins Bett?

Alle schwiegen, nur Franka wiederholte, dass sie ihm nichts glaube, doch er ging schon Richtung Schlafzimmer, noch bevor sie ihren Satz beendet hatte. Aber jetzt ergriff Sven das Wort:

– Das geht nicht, das ist nicht gut. Du musst uns etwas erzählen, was dir wenigstens etwas wehtut. Das war nur eine Exhibition, du hältst uns zum Narren, gib uns etwas mit ein wenig Seele.

Feri winkte mit der Hand ab, blieb dann aber doch stehen, drehte sich um und sagte: – Na gut, meinetwegen, ich werde euch erzählen, was ich vorhin geträumt habe.

Er setzte sich nicht hin, er blieb stehen, an die Wand gelehnt. Er erzählte, dass er gerade an einem autobiografischen Roman über seine Familie schreibe und dass ihn quäle, dass er schrecklich hart zu den Personen sei, auch zu seinem Vater und seiner Mutter.

– Der Name meines Vaters im Roman ist *Krebsursache*, und meine Mutter träume ich häufig, seit sie vor vierzig Jahren gestorben ist, und so bis heute Nacht. Und immer träume ich denselben Traum. Dass sie lebt, dass sie irgendwo weit von uns lebt und dass ich nichts davon weiß. Oder dass sie eingemauert ist und hinter diesen Mauern lebt. Und immer ist sie in diesen Träumen sehr sanft zu mir. Bis vor Kurzem. Heute Nacht, als ich sie gefunden habe, hat sie mir einen Fußtritt gegeben.

Dann drehte er sich um und ging zur Tür hinaus, die er wenige Augenblicke zuvor schon geöffnet hatte.

XVIII.

Vor Müdigkeit konnte ich kaum noch die Augen offen halten. Ich holte das Handy heraus, schaltete die Diktierfunktion ein und schob es vor Franka, aber sie lachte nur und schaltete es aus. – Untersteh dich. – Sie und Sven hatten am meisten kommentiert, die anderen angestachelt, ermuntert, mit allen polemisiert, aber es war, als würden sie zögern, ihre Geschichte zu erzählen. Es schien logisch, dass Sven als Zeremonienmeister das Symposium abschloss, Magdalena hatte schon gesagt, dass sie erzählt habe, wie Andrej ihr den Lieblingssong vermiest habe und dass das alles sei von ihr, und so drehten wir uns zu Franka um. Aber sie lief hinter Feri her: – Feri, du kannst jetzt nicht gehen. Ich erzähle jetzt, und ich brauche deine Unterstützung, einzig auf dich kann ich hier zählen.

Aber Feri antwortete weder, noch kam er zurück, und so kehrte Franka nach kurzem Warten an der Wohnzimmertür zur Couch zurück und ließ sich neben Sven fallen.

Es gab noch mehr Müde, mir schien, dass Tomo schlief, denn er hatte den Kopf zurückgeworfen, und sein Mund stand offen, Sven drehte den letzten Joint – nichts mehr da, verdammt, es hätte ja jemand noch was mitbringen können – und machte den Eindruck, als wäre er nicht an Frankas Geschichte interessiert, Tihana schickte jemandem eine SMS, Katarina hatte sich zu Stanko gesetzt, in den Sessel, in dem kurz zuvor Mladen gesessen hatte, und jetzt flüsterten sie miteinander, aber ich konnte nicht hören, worum es ging … Als Einziger sah Andrej mit weit offenen Augen zu Franka und wartete darauf, dass sie anfing.

– Gut, ich werde euch erzählen, weshalb mich Sven die ganze Nacht schon schikaniert. Ich habe genug von diesen Sticheleien und zynischen Anspielungen. Ich werde euch alles erzählen, was passiert ist – sagte sie, und wie Präriehunde, wenn etwas raschelt, drehten alle den Kopf gleichzeitig zu ihr.

– Wenn du erzählen willst, dann erzähl aber alles, nicht, dass ich dann einspringen und erklären muss – warf Sven rasch ein, und mir schien, dass ihn Frankas Ausfall ein wenig überrascht hatte. Aber Franka kümmerte sich nicht um das, was er sagte, sie war schon mitten in ihrer Geschichte.

– Mein Direktor – begann sie und hielt sofort an, um sich das Haar zu binden – in der Firma, in der ich früher gearbeitet habe – fuhr sie mit dem Gummiband im Mund und den Händen überm Kopf fort – war alles, was ich seit jeher verachtet habe. – Als das Haar an seinem Platz war, atmete sie hörbar aus und fuhr fort: – Unverfroren, gierig, zu allen Machenschaften bereit, um dem lieben Staat möglichst wenig Steuern zu zahlen, ungerecht zu den Menschen, Nationalist, einer von denen, die in den Neunzigern den Serben Kündigungen ausgestellt haben. Und obszön, was witzig sein sollte, er begrapschte alle Frauen in der Firma, offen, vor den anderen. Eine Zeit lang kontrollierte er regelmäßig, ob wir in Tangas zur Arbeit gekommen waren, als wäre das eine Art Witz, alles nur Spaß. Auf dem Höhepunkt seiner Karriere war er einer der Medienberater der HDZ bei einer lokalen Wahl, er ging durch die Firma und sprach am Handy laut mit dem Premier, damit alle hören, mit wem er spricht. In den Zeitungen gab er damit an, dass seine Angestellten im Büro Tischtennis spielen, so würden sie schneller und besser denken, aber zur selben Zeit wurde er von einer Reihe von Leuten wegen Mobbings verklagt. Kurzum, all die Jahre habe ich ihn verachtet, aber das Gehalt war gut, und mir fiel das Erfinden von Werbeslogans ziemlich leicht. Ich brauchte nicht Tischtennis zu spielen, damit mir etwas Neues, etwas anderes einfiel. Und dann, eines Abends, auf einer Fete, mit der wir ein abgeschlossenes Geschäft feierten, eine Werbekampagne für eine große kroatische Firma, während wir betrunken irgendwelchen Blödsinn machten, fing ich seinen Blick auf, wie er an mir hinunterglitt, verstohlen, dumpf, aber doch eindeutig. Dieser Blick sagte nur eines – wie würde ich dich jetzt durchvögeln. Ich drehte den Kopf nicht weg, sondern sah ihn trotzig an, bis ich plötzlich, als mir völlig klar geworden war, was er mir mitteilt, anfing zu zittern, am ganzen Körper, aber dieses Zittern sah man am meisten im Gesicht. Er hatte nur mit dem Finger in Richtung des anderen Zimmers gezeigt und war verschwunden. Ich bin nicht in das andere Zimmer gegangen, am nächsten Tag habe ich das Zittern auf den Alkohol zurückgeführt, aber schon nach ein paar Tagen hat er mich gevögelt. Und das gut, es hat keinen Sinn, das zu leugnen. Und jetzt, warum regen mich solche Typen auf, das ist eine andere und lange Geschichte, die ich euch nicht erzählen werde, aber da gibt es viele Nuancen. Wenn ich heute darüber nachdenke, glaube ich, dass mich seine Erregung erregt hat, das war eine Gewalt, der sich nichts entgegenstellen konnte. Er packte mich und zog mich aus und nahm mich, als würde sein Leben davon abhängen. Ich meine, er war widerlich auch beim Sex, rücksichtslos, und ich habe ihn noch mehr verachtet als vorher, aber ich habe alles getan, was er verlangte. Er wollte in mir kommen, und so habe ich angefangen, die Pille zu nehmen, und besonders erregte ihn, wenn ich vor ihm auf dem Stuhl saß, während er, in den Sessel gefläzt, zusah, wie sein Sperma aus mir herausrann. Dabei haben wir über nichts anderes geredet. Über die Arbeit kein Wort, außer dass er einmal sagte, er werde mich einem Geschäftspartner anbieten. Aber das war Sex, kein Geschäft, das erregte ihn, dass er mich ringsum anbot als seine Fotze, mit der er alles machen kann. Und auch mich erregte es. Aber wir taten es nicht.

Ich ließ meinen Blick durchs Zimmer schweifen und sah, dass die Leute ein wenig überrascht waren von der Heftigkeit und Direktheit, mit der Franka in ihre Beichte eingestiegen war. Ich meine, sie hätte diese Details verschweigen können, sie waren nicht notwendig, aber wir kannten uns lange, und ich wusste, dass sie gern schockierte und dass sie dem nicht widerstehen kann, wenn sie dazu die Gelegenheit hat. Natürlich protestierte niemand wegen der Obszönität, aber Magdalena störte etwas anderes, sie war immer ein prinzipieller Typ, sie verteidigte ihre Überzeugungen so lange, bis alle unter dem Tisch lagen. – Ich kann diese Klischees nicht mehr hören, die untergebene Frau wird von einem dominanten aggressiven Kretin erregt – sagte sie und fügte rasch hinzu: – Wenn ich auf so einen Typ stoße, werde ich zu Eis. Und bin sofort weg.

– Ich habe nicht gesagt, dass alle Frauen das erregt, mich hat es vor ihm auch nicht erregt, jedenfalls nicht in dem Ausmaß. Vor ihm habe ich das eher begriffen als eine Art Spiel, auf das ich mich eingelassen habe, um zu sehen, wohin es mich führt, aber mit ihm war es nicht so, nicht so kontrolliert – erklärte Franka beruhigend.

Aber Magdalena war nicht bereit, von ihrem Einwand einfach so abzulassen: – Als ich zwölf war, bin ich mit einer Freundin zu einem Kinderwettbewerb nach Ungarn gefahren. Die Eltern hatten uns zum Bus gebracht und die Fahrer gebeten, auf uns aufzupassen, und in Budapest wurden wir auf dem Bahnhof erwartet. Wir setzen uns gleich hinter die beiden Fahrer und schliefen bald ein. Es war Nacht. Irgendwann wurde ich wach und sah die Hand von einem von ihnen, wie sie über den Schenkel meiner schlafenden Freundin gleitet. Noch heute bin ich nicht in der Lage, das Grauen zu beschreiben, das ich empfand, noch habe ich das jemals irgendwem erzählt. Ich habe das nicht einmal dieser Freundin gesagt … Ich habe mich geschämt, denn ich hatte das Gefühl, ich hätte sie verraten. Vermutlich habe ich deshalb auch nie darüber geschrieben – sagte sie und sah Andrej an, lange, als würde sie sich bei ihm entschuldigen, dass sie als Schriftstellerin versagt habe.

– Du übertreibst, was heißt verraten. Du bist da an nichts schuld.

– Ja, natürlich, jetzt ist mir klar, dass ich ein Kind war, das sich in einer Situation befunden hat, in der es sich nie hätte befinden dürfen. Aber vielleicht hätte ich auch anders reagieren können. Ich war starr vor Angst, denn dieser Typ, der auf uns aufpassen sollte, hatte meine Freundin in der Dunkelheit berührt. Ich wusste nicht, was tun. Und jetzt kommt das Schreckliche: Völlig paralysiert, habe ich weder protestiert noch sie geweckt, nichts … Ich habe die Augen geschlossen und so getan, als würde ich schlafen. Und gebetet, dass er nicht auch noch mich berührt. Stellt euch vor, wie egoistisch ich war. Ich habe nur an meinen eigenen Hintern gedacht.

Das hatte sie in einem Ton gesagt, der suggerierte, dass sie sich deshalb auch heute noch Vorwürfe macht, aber dann schloss sie die Geschichte rasch ab. – Zum Glück hat er mich nicht berührt. Aber auch das war eine Art von Vergewaltigung, ich konnte die ganze Nacht nicht schlafen, weil ich Angst vor seiner Hand hatte.

Ich frage mich, ob das irgendwas damit zu tun hat, dass ich jedes Mal fuchsteufelswild werde, wenn mich jemand gegen meinen Willen berührt. Wütend machen mich sogar die zufälligen Berührungen im Gedränge bei Konzerten, oder Hände auf dem Rücken, wenn sie dich vorbeilassen, geschweige denn, wenn mir ein Schwein im Bett Befehle gibt und denkt, er kann mit mir machen, was er will. So was kühlt mich augenblicklich auf absolut null herunter.

– Siehst du, Liebes, so viele Jahre sind wir schon verheiratet, aber heute Abend haben wir alles Mögliche übereinander erfahren. Dieses Budapest hast du nie erwähnt – sagte Andrej und legte seine Hand beschützend auf ihre.

– Ich habe es verdrängt und vergessen – presste Magdalena durch die Zähne, während Andrej ihre Hand streichelte. – Jetzt hat mich Franka an diese Geschichte erinnert.

– Eine widerliche Erfahrung – sagte Andrej, nachdem er sich wieder in seinen Sessel zurückgelehnt hatte. – Aber jemand anderes hätte vielleicht ganz anders reagiert. Vielleicht hat deine Freundin nur so getan, als würde sie schlafen, und wurde von dieser Berührung in der Dunkelheit erregt – fuhr Andrej fort, vorsichtig, aber wieder leicht provozierend.

– Wie kannst du das sagen – fragte Magdalena verärgert und richtete sich auf der Couch auf.

– Ich bin Schriftsteller, ich muss alle Möglichkeiten ausloten. Wir reden hier nicht auf einem Aktivisten-Meeting, sondern hinterfragen, was die Menschen sind und wozu sie fähig sind.

– Damit treibt man keine Scherze!

– Ich treibe keine Scherze, und ich entschuldige ihn nicht, mein Gott, warum muss ich das überhaupt betonen. Wenn er das unserer Tochter angetan hätte, hätte ihn niemand retten können. Aber möglich ist es, dass diese Hand deine Freundin erregt hat. Und dass es heute Männer sind wie Frankas Direktor, die sie erregen. Das sage ich. Wir sind verschieden gestimmt, wir reagieren unterschiedlich, die gleichen Erfahrungen formen uns auf unterschiedliche Weise.

– He, du bist mein Mann. Du kannst nicht solchen Scheiß reden.

– Ärgere dich nicht, mein Herz, ich sage nur, dass wir unterschiedlich sind. Wir haben vorhin über Konzentrationslager gesprochen. Aus dem Zweiten Weltkrieg wissen wir, dass es Lagerinsassen und -insassinnen gegeben hat, die sich emotiv an SS-Leute in gewichsten Stiefeln gebunden haben, die wie Götter über ihr Leben entschieden haben. Wie unnatürlich und unmöglich das auch immer gewesen sein mag, es ist vorgekommen. Und warum denkst du dann, dass es unmöglich ist, dass deiner Freundin diese Hand gefallen hat? Seltsam sind die Wege unserer Triebe und Begierden, und reine Ironie ist es, dass uns die linksliberale Korrektheit, wegen der wir nicht darüber sprechen dürften, in einen schweren Konservatismus zurückgeführt hat.

– Wegen dieser Hand hat deine Frau noch heute ein Trauma, und du verteidigst ihn – hörte Magdalena nicht auf.

– Ich verteidige ihn doch nicht …

– Gut, ihr zwei, wollt ihr mich nicht meine Geschichte beenden lassen – mischte sich ein wenig ärgerlich Franka in ihren Streit und fuhr dann, als sie still waren und Andrej ihr als Zeichen der Entschuldigung seine gefalteten Hände entgegenhielt, fort:

– Damals habe ich mich in Sven verliebt. Aber ich habe mit dem Direktor nicht sofort Schluss gemacht, obwohl das Schuldgefühl immer stärker wurde. Sven ist gut, das reine Gegenteil von diesem Verrückten, und ich habe mich deswegen wirklich schlecht gefühlt, bis ich endlich, vielleicht waren mehrere Monate vergangen, beschloss, das mit dem Direktor zu beenden. Dieses Vögeln, ich weiß nicht, wie ich es anders nennen soll. Und ich nahm meine ganze Kraft zusammen und sagte es ihm. Aber er erpresste mich sofort, in derselben Sekunde, ohne die geringste Überlegung. Wenn ich das mache, gibt er mir die Kündigung. Und ich brauchte das Geld damals tatsächlich sehr; ich war geschieden, mit einem Kind, mit einer Mutter, die nicht arbeitet, und einem Kredit in Schweizer Franken für die Wohnung, in der wir wohnten. Ich konnte mir nicht erlauben, die Arbeit zu verlieren, denn dann wäre meine ganze Familie zusammengebrochen. Ich konnte auch nicht auf Risiko gehen, ihn verklagen, denn wer weiß, wie das geendet hätte, und ich hätte nicht einen Monat ohne Gehalt überlebt. Ohnehin war ich bei allen verschuldet. Sven kam nur manchmal und vorübergehend. Wir hatten es schön, aber auch er war nicht gerade bei Kasse. Ständig versprach er, dass er aus Ljubljana zu uns ziehen und eine Arbeit finden werde, aber immer war da etwas, was er vorher noch erledigen musste. So ging ich weiter zum Direktor. Ich hasste ihn noch mehr, aber das verging alles in dieser halben, ganzen Stunde, während wir nackt waren. Ehrlich gesagt, der Sex war vielleicht auch besser – sagte sie und sah Sven an. – Aber das Schuldgefühl, nachdem ich sein Zimmer verlassen hatte, war jedes Mal schrecklicher.

Am Ende brachte ich doch die Kraft auf und flüchtete. Ich nahm die erstbeste Arbeit an, die sich mir bot, obwohl sie nicht in meinem Fachgebiet lag und viel schlechter bezahlt war. Aber ich hatte gekündigt und war gegangen. Sven war gerade zu uns gezogen und hatte noch keine Arbeit. Er schrieb eine Kolumne für die Zeitung, war dabei, einen Roman zu beenden, und versuchte mich zu überzeugen, dass er sich einen Job suchen werde, sobald er ihn abgeschlossen habe, aber der Roman war lang und kompliziert, und das zog sich hin, und so lebten wir vier von meinem Gehalt und seinen unregelmäßigen Honoraren nur sehr schwer. Einmal haben wir uns über etwas gestritten, und er hielt mir vor, wie dumm ich doch sei, dass ich nur wegen meiner Arroganz einen super Job aufgegeben hätte. Er schrie, ich hätte keine Ahnung vom Leben, und dass es Zeit sei aufzuwachen, und da bin ich explodiert und habe ihm gesagt, dass ich den Job seinetwegen aufgegeben habe. Nur seinetwegen. Und dann habe ich ihm alles erzählt, durch was ich hindurchgegangen war, ich habe nichts verschwiegen, und er hat, nachdem ich geendet hatte, nur gefragt: „Das heißt, der Sex mit ihm war besser als mit mir?" Ich versuchte auszuweichen, dass er anders gewesen sei, mit ihm sei er Liebe und Zärtlichkeit und mit dem Direktor wie von zwei Tieren, die sich gegenseitig umbringen, aber er ließ nicht zu, dass ich auswich, er bestand darauf, dass ich ihm nur sage – ja oder nein. Am Ende habe ich genickt, ich weiß nicht, warum, vielleicht ist mir sein Insistieren auf die Nerven gegangen, er ist aufgestanden, hat seine Sachen zusammengepackt, in diese Tasche, die da auf dem Boden steht, und ist ohne ein Wort nach Ljubljana zurückgefahren. Danach hat er sich monatelang nicht gemeldet, und heute Abend haben wir uns zum ersten Mal seitdem wiedergesehen, und er nutzt jede Gelegenheit, um mir einen Fußtritt zu versetzen. Wie ihr seht.

XIX.

– So einfach ist das nicht – meldete sich Sven zu Wort. – Du hast das erzählt, als wäre ich ein Kretin, den es stört, dass er nicht der beste Ficker auf der Welt ist. Du hast ihnen nicht alles gesagt, was du in jener Nacht mir erzählt hast.

– Ich habe ihnen erzählt, was wesentlich ist, damit sie die Zusammenhänge verstehen, ich werde ihnen wohl nicht erzählen, wie wir gevögelt haben. Ich hätte es auch dir nicht erzählt, wenn du nicht darauf bestanden hättest, dass ich dir alles sage, bis ins letzte Detail. Zuerst hast du mich zu überzeugen versucht, dass es dich nicht stört – du möchtest nur begreifen, wie das funktioniert hat, und was mich angemacht hat, aber dann, als du alles aus mir herausgebracht hattest, hast du dich verzogen.

– Ja, weil ich trotzdem nicht erwartet hatte, alle diese Ekelhaftigkeiten zu hören, die du mir erzählt hast. Ich habe begriffen, dass das zwischen euch größer war als das, was ich mir am Anfang hatte vorstellen können, und dass ich dich nie so weit bringen werde. Auf jene Seite. Dorthin, wo der Verstand aussetzt. Das konnte ich nicht ertragen. Dass du, solange du mit mir zusammen bist, ständig die Leere an der Stelle empfinden wirst, die er ausgefüllt hat.

– Wieder du, mich hat der Typ angeekelt, und ich wollte ihn komplett aus meinem Leben löschen. Deinetwegen habe ich mit ihm Schluss gemacht, aber dich stört, dass ich nicht im selben Augenblick gekündigt habe, als du in mein Leben getreten bist.

– Mich stört überhaupt nicht, dass du nicht sofort mit ihm Schluss gemacht hast, mich stört, dass du mit ihm das gemacht hast, was du gemacht hast, egal, ob vor mir oder nachdem ich erschienen bin.

– Da siehst du mal, wie krank du bist. Dich stört, dass ich mit einem vor dir gevögelt habe.

– Ja, wenn du mich schon als Idioten hinstellst, erzähl ihnen doch, was du alles für ihn getan hast.

– Was soll ich erzählen? – Dass er seinen Freund mitgebracht und mich gezwungen hat, mich von ihm bezahlen zu lassen. Das war unser Spiel, keine Hurerei. Danach sind wir mit diesem Geld alle zusammen abendessen gegangen. Ist es das, weil du denkst, dass alle in diesem Raum, wenn sie das hören, unumstößlich auf deiner Seite stehen? Weil du denkst, dass keiner von denen hier zu dritt vögelt, zu viert oder mehr? Oder dass ich mich schäme, das zu erzählen?

– Das heißt, es hat sich nicht nur um eine Stunde im Büro gehandelt, ihr seid auch noch gemeinsam abendessen gegangen!

– Ach komm, Sven, es geht darum, dass du pathologisch eifersüchtig bist.

– Wieder hörst du mir nicht zu, das Problem ist nicht, dass du mit zweien gevögelt hast, sondern dass du das getan hast, um ihn zufriedenzustellen, und dich hat erregt, dass du seine Aufgaben erfüllst, und nicht, dass noch ein Typ dabei ist. Dich hat erregt, dass du von dem Freier Geld nimmst, weil er es dir befohlen hat. Er ist dir unter die Haut gegangen, he, du warst ihm hörig. Sexuell hörig. Ich habe begriffen, dass du nur zum Teil mein sein kannst. Und dass du mich immer, wenn wir Sex haben, mit diesem Verrückten vergleichen würdest. Deshalb bin ich gegangen. Und das hat mehr wehgetan, als du dir vorstellen kannst.

– Jedem tut etwas weh, aber man kämpft das aus und macht weiter und zerstört nicht alles um sich herum. Auch mir hat eine Menge von dem nicht gefallen, was du mitgebracht hast, mir hat nicht gefallen, dass du statt Kaffee am Morgen Speed nimmst, um überhaupt zu funktionieren, aber ich habe deshalb nicht alles hingeschmissen – gab Franka nicht klein bei. – Obwohl mir, als ich später darüber nachdachte, klar wurde, dass du nicht wegen diesem Kretin gegangen bist, sondern weil du wusstest, dass du dich würdest ändern müssen, damit wir eine Chance haben. Du hättest aufhören müssen, Drogen zu nehmen, anfangen müssen zu arbeiten, hättest nicht mehr die ganze Nacht Musik hören können, nur weil du Lust darauf hast, oder drei Tage durchschlafen, wenn du keine Lust hast, der Welt entgegenzutreten.

– Die Wahrheit ist, dass du ständig genörgelt hast und aggressiv warst, du hast nicht verstanden, wie jemand die ganze Nacht damit zubringen kann, Musik zu hören, anstatt etwas Nützliches zu tun, als gäbe es etwas Nützlicheres und Schöneres als Musik hören. Oder du konntest, weil ich zehn Minuten zu spät nach Hause kam, zehn Stunden unserer gemeinsamen Zeit verderben. Deine Urteile über andere Menschen waren immer extrem, dass jemand nicht weiß, dass die ersten Tempel vor zehntausend Jahren von Jägern und Sammlern errichtet wurden und nicht von Ackerbauern, reichte hin, um jemanden zum Ignoranten zu erklären, obwohl du selbst die Nachricht von dieser archäologischen Entdeckung erst drei Tage zuvor gelesen hattest. Es ist dir nie gelungen, alle Nuancen zu sehen, von denen menschliches Verhalten und Reaktionen geformt werden. Du hattest keine Geduld dafür, aber ich war bereit, sie dir jeden Tag zu zeigen. Je nervöser du warst, desto geduldiger wurde ich.

– Du warst erschrocken, Sven – unterbrach ihn Franka nervös. – Vielleicht kannst du dir das nicht eingestehen, aber du warst erschrocken.

– Vielleicht hätte ich erschrecken sollen, als ich sah, dass du fernsiehst bei abgeschaltetem Ton, selbst Filme, und wenn du schlafen gehst, steckst du dir Stöpsel in die Ohren.

– Du bist nicht vor mir erschrocken, du bist vor dem erschrocken, was du tun müsstest – blieb Franka hartnäckig. Sie sah ihm in die Augen und wartete auf eine Antwort, aber Sven ging nicht mehr auf ihre Worte ein, er besann sich ein wenig, schüttelte den Kopf und fuhr dann mit seiner Geschichte fort:

– Als ich an diesem Abend ihre Wohnung verließ, wusste ich nicht, wohin und wie den Schmerz verdrängen, der mich überflutete. Es presste mir die Brust zusammen, und ich konnte nicht einatmen, die Luft ging überhaupt nicht in meine Lunge. Ich setzte mich auf eine Bank vor dem Wohnblock und versuchte mich zu beruhigen, um zu überleben. Ich mache keine Witze, ich habe tatsächlich gedacht, ich werde auf der Straße zusammenbrechen. Ich versuchte tief zu atmen, aber ich konnte es nicht einmal flach. Ich redete mir ein, dass ich das aus dem Kopf bringen müsse und dass alles in Ordnung kommen werde, dass ich überleben muss wegen meines Kindes, das mich braucht, ich stellte mir vor, wie ich es am nächsten Morgen in Ljubljana auf einen Spaziergang mitnehme, und dass ich ihm Schlittschuhe kaufen muss, denn es kann nicht mehr mit denen seiner Mutter zum Training gehen, aber dann bekam ich plötzlich einen Schweißausbruch. Binnen Sekunden war ich völlig nass. Dann versuchte ich zu laufen, ich dachte, die physische Anstrengung könnte die psychische neutralisieren, aber das half nur teilweise, sobald ich stehen blieb, kehrte alles zurück, noch stärker. Da erinnerte ich mich daran, dass ich irgendwo in der Tasche Xanax hatte, und begann wie verrückt alles rauszukramen, bis ich endlich diese zwei Tabletten gefunden hatte, die ich sofort schluckte, trocken, nur mit etwas Spucke. Kaum hatte ich das getan, ließ der Druck etwas nach. Ich wusste, dass es nicht sofort wirkte, aber allein der Gedanke, dass ich mich bald entspannen werde, war schon beruhigend. Das Schnüren in der Brust nahm ab, nicht aber der Schmerz. Genau genommen überflutete mich die Trauer erst jetzt vollständig, als das Gefühl der unmittelbaren Lebensbedrohung gewichen war. Aber ich konnte mir nicht vorstellen, irgendwohin zu gehen und mich hinzusetzen, noch immer war ich überzeugt, dass ich das nicht überleben werde. Und so ging ich von Sloboština nach Dugave und durch Travno, Utrine, Zapruđe, Središće und über die Brücke und am Lisinski vorbei, durch die Unterführung ... Auf dem Hauptbahnhof sah ich, dass der Zug nach Ljubljana erst in drei Stunden fährt, und ich setzte meinen Weg fort Richtung Trešnjevka. Ich versuchte so schnell wie möglich zu gehen, als könnte ich so den Druck lösen, der wieder meine Brust zusammenpresste. Und dann hielt mich die Polizei an. Sie verlangten meine Papiere, und ich gab ihnen meinen Reisepass, das Einzige, was ich bei mir hatte. Er gefiel ihnen nicht, ich weiß nicht, warum, aber einer von ihnen machte die Bemerkung, ich würde viel reisen. Ich nickte bestätigend mit dem Kopf, und er fragte, wo ich wohne. Im Reisepass stand meine Adresse in Rijeka, und ich sagte, es stehe da drin, was ihm ebenfalls nicht gefiel. Dann bemerkte er, dass ich sehr oft nach Slowenien ein- und aus Slowenien ausreise, worauf ich sagte, dass in Ljubljana mein Kind lebt, und dann fragte er mich, warum ich in Zagreb sei, und nicht in Rijeka. Mir gefiel diese Fragerei nicht, und so sagte ich unwillig, dass in Rijeka an dieser Adresse jetzt meine Mutter wohne, und ich in Zagreb. Er fragte, wo. Und ich konnte auf keinen Fall sagen, dass ich bei Franka wohne, und fing an herumzudrucksen und sagte, bei einem Freund. Er ließ nicht locker, er bestand darauf, dass ich ihm die Adresse des Freundes sage. Da reichte es mir und ich sagte, dass ich in meinem Land wohl hingehen könne, wohin ich wolle, er solle die Papiere kontrollieren, wenn ihm etwas verdächtig vorkomme, und mich in Ruhe lassen. Aber er verlangte, dass ich ihm sage, wohin ich um drei Uhr morgens unterwegs sei, „und komm mir nicht damit, dass du spazieren gehst, du bist fast gelaufen", sagte er noch. Und da bin ich explodiert. Ich fragte ihn, was zum Teufel es ihn angehe, wohin ich unterwegs sei! „Ich lebe in einem freien Land und kann gehen, wohin ich will, ich brauche euch nicht Rechenschaft abzulegen, ich brauche niemandem Rechenschaft abzulegen, solange ich nicht gegen irgendwelche Vorschriften verstoße. Ich kann drei Tage durch die Stadt gehen, das geht euch einen Dreck an. Ich laufe, ich gehe, ich renne, ist das verboten?", schrie ich.

„Es ist meine Sache, wohin ich gehe, und nicht eure." Sie blieben hartnäckig, sie bestanden darauf, dass ich sage, wohin ich gehe, und wiederholten, dass sie mich nicht gehen lassen, bevor sie es nicht erfahren. Und ich fing an zu brüllen.

Aber da fingen sie auch an zu brüllen, so lange, bis einer von ihnen mir mit dem Gummiknüppel auf den Rücken schlug. Ich habe keine Ahnung, was ich ihnen alles gesagt habe, aber die beiden haben mich verprügelt, als würde davon ihr nächstes Monatsgehalt abhängen. Und ich fuchtelte mit den Armen, und ich ging zu Boden, aber sie hörten nicht auf. Sie prügelten mir die Seele aus dem Leib, sie schlugen und traten mich mit den Füßen und den Gummiknüppeln, und erst, als mich der physische Schmerz völlig überflutete, hörte es auf wehzutun. Ich war halbtot, aber endlich ruhig.

Franka hatte ihn nur angesehen, sie hatte etwas zu sagen versucht, aber es war ihr nicht gelungen. Am Ende presste sie hervor: – Warum hast du mich nicht angerufen, dass ich dich holen komme?

– Weil ich zwei gebrochene Rippen hatte und weil ich Blut schiffte und ein Auge blutunterlaufen und zugeschwollen war. Und weil es ausgesehen hätte, als wollte ich dir Schuldgefühle machen oder Mitleid erregen. Ach, ich rede Scheiß … Ehrlich gesagt, habe ich dich nicht angerufen, weil ich nicht einmal an dich denken konnte, geschweige denn dich wiedersehen. Jemand hatte die Rettung gerufen, vielleicht sogar die Polizisten. Sie zeigten mich an, ich hätte sie angegriffen und sie hätten sich verteidigen müssen, und so hatte ich mir auch eine Strafanzeige eingehandelt. Zwei Wochen lag ich im Krankenhaus. Der physische Schmerz, den ich tagelang verspürte, hielt mich aufrecht, aber auch das dauerte nur kurz. Als sie mich entließen, fuhr ich nach Ljubljana, aber deine Geschichte ging mir noch immer durch den Kopf. Da half auch kein MDMA, kein Speed, kein Shit, monatelang habe ich die Wohnung nicht verlassen. Was immer du sagen würdest, ich wusste, deinetwegen bin ich bereit gewesen, mit allen schlechten Dingen im Leben zu brechen, eine Arbeit zu finden, mich zu ändern, auch dein Kind mitzuerziehen, und ich war überzeugt, dass es uns beiden gemeinsam gelingt, den Kampf mit dem Leben auszufechten. Und dann erzählst du mir, dass dich so ein Orang-Utan dorthin gebracht hat, wohin ich nie kommen werde. Das hat so wehgetan, und ich wollte vor dem so sehr fliehen, dass mir am Ende von dieser Qual und Sehnsucht nach Flucht Flügel gewachsen sind.

– Du hast dir zu viel von dem hier reingezogen, Sven – warf ihm Andrej zu.

– Ich mache keine Witze – sagte Sven und stand auf. Dann zog er das Hemd aus, schälte sich aus dem T-Shirt und präsentierte die Flügel. Geschwungene, schwarze, auf den Rücken tätowierte. – Noch sind sie klein, aber sie wachsen noch. Ich denke, dass ich bald losfliegen kann. Vielleicht kann ich es schon.

Die Sonne war gerade irgendwo weit im Osten herausgekommen, und die Morgenröte reckte ihre Finger über den Himmel. Wir schwiegen, und Sven, nackt bis zum Gürtel, mit der großen Tätowierung auf dem Rücken, ging hinaus auf die Terrasse. Ein wenig stand er so da und sah zum Himmel empor, dann nahm er Anlauf, drei, vier, fünf Schritte, und verschwand vom Horizont.

XX.

Als er sich aus dem Pool herausgestemmt hatte, in dem zum
Glück unter der blauen Plane ein halber Meter Wasser war,
schüttelten die Leute den Kopf, schimpften oder flüsterten sich
etwas zu, aber das dauerte nur kurz, bald fläzten sie sich wieder auf den Sesseln, der Couch und den Stühlen, sie waren
müde, die einen starrten ins Leere, die anderen waren schläfrig, wieder andere von den Geschichten, die wir gehört hatten,
wie erschlagen. Stanko und Katarina umarmten sich. Katarina
saß auf seinem Schoß, den Kopf an seiner Schulter. Sven trat
so nass, wie er war, zu ihnen und sagte, dass das wegen dem
MDMA sei, dass er sie geheilt habe.

– Ich habe die Barriere beseitigt, die zwischen euch gewachsen war – wiederholte er, aber Katarina erinnerte ihn
daran, dass sie den ganzen Abend nichts genommen hatte.

– Aber dafür hat Stanko alles geschluckt, was ich ihm gegeben habe – murmelte Sven, während er die nasse Hose auszog.
Ich ging in Feris Schlafzimmer, um für ihn etwas zum Anziehen zu suchen. Ich ging auf Zehenspitzen hinein, sah Feri, wie
er auf dem Rücken lag und schnarchte, und seine Frau, die sich
sofort nach dem Abendessen zum Schlafen zurückgezogen hatte, hielt seine Hand, mit ihren beiden Händen, so als hätte sie
Angst, der Wind könnte ihn weggeblasen, wenn sie ihn loslässt.
Da kam mir der Gedanke, dass Feri nicht deshalb ins Bett gegangen war, weil er müde war, sondern ihretwegen, damit sie

nicht allein ist, wenn sie schläft. Sie muss wohl schon genug haben von diesen Treffen, die immer in ihrem Haus stattfinden, nie bei jemand anderem, dachte ich, während ich mich im Zimmer umsah. Ein Rollo war ein bisschen hochgezogen, und die ersten Lichtstrahlen durchbrachen die Dunkelheit, genug, um den Haufen von Feris über den Sessel geworfenen Sachen zu sehen. Schnell fand ich eine alte Trainingshose und Strümpfe und ging auf Zehenspitzen wieder hinaus. Dann ging ich ins kleine Zimmer, um die Jacken zu holen. Die hatten wir auf dem hohen Bett mit dem geschnitzten Kopfteil abgelegt, auf dem ich ein paar Nächte verbracht hatte, als ich vor einigen Jahren von zu Hause ausgezogen war und die Familie verlassen hatte. Anja wohnte noch bei ihrem Freund, und ich musste mich irgendwie zurechtfinden, bis sie ihre Situation gelöst hatte. Ich erinnerte mich, wie ich mit weit geöffneten Augen auf das Porträt von Feris Vater über dem Bett gestarrt hatte. In Partisanenuniform, nach dem gewonnenen Krieg, bereit für ein neues Leben. Stundenlang hatte ich ihn angesehen, als hätte er mir etwas Erlösendes sagen können. Auf der antiken Truhe für das Bettzeug, die statt eines Nachttischs neben dem Bett stand, lag noch immer die Monografie des alten Zagreb, in der ich in jenen Nächten geblättert hatte, als ich weder schlafen konnte noch die Konzentration zum Lesen hatte. Ich hatte mich durch die Fotografien von Menschen geblättert, die längst gestorben waren, und mich damit getröstet, dass manchen von ihnen die gleichen Scheißdinge passiert waren wie mir, aber dass das für niemanden mehr wichtig war.

Ich schlug das Buch auf und klappte es gleich wieder zu, dann fand ich meine und Svens Jacke und kehrte ins

Wohnzimmer zurück. Während sich Sven anzog, fegte ich die Reste der Drogen auf dem Tisch zusammen und warf sie in den Müll, und Andrej sah ständig auf die Uhr und schlug vor, noch ein bisschen zu warten, denn jetzt könnte Franzen auftauchen, wenn sie irgendwo bis zur Sperrstunde durchgemacht hatten.

– Mensch, Andrej, der Mann ist längst im Hotel – sagte ich und half Sven, den Laptop und die übrigen Sachen in seiner Militärtasche zu verstauen. Er warf sie sich über die Schulter, wie einen Rucksack, und marschierte los. Wir warteten nicht auf die anderen, Sven hatte es eilig, so rasch wie möglich aus dem Haus zu kommen, sodass wir den Leuten nur von der Tür zuwinkten und gingen.

Als wir aus dem Garten hinaustraten, ging ich zu meinem Auto, aber Sven ging an ihm vorüber. Ich versuchte ihn zu bewegen zurückzukommen, aber er schüttelte hartnäckig den Kopf, die Morgenluft tue ihm gut, er werde gehen.

– Und ich bin mir auch nicht gerade sicher, dass du fahrtüchtig bist – sagte er, während er in den Taschen der Jacke nach seiner Sonnenbrille suchte. Die Sonne stand noch nicht über uns am Himmel, aber seine Augen, mit maximal geweiteten Pupillen, sahen wie große schwarze Knöpfe am Kopf einer Flickenpuppe aus. Ich fragte ihn, wo er denn hinwolle, und er sagte, dass er nur gehen werde, bis sein Gehirn wieder klar sei. Ich bestand nicht weiter darauf, ich wollte ihn nicht quälen, aber ihn in diesem Zustand auch nicht allein lassen. Nachdem ich noch einmal unentschlossen zum Auto gesehen hatte, schüttelte ich den Kopf und ging ihm nach.

Als wir hinunter zum Kvatrić gingen, war es völlig Tag geworden, aber auf der Straße war noch niemand. Vor einem

Laden ratterte ein Lieferwagen mit Brot, von dem die ganze Straße duftete. Ich schlug vor, ein paar Minuten zu warten, bis der Laden öffnet, und uns etwas warmes Gebäck zu nehmen, aber Sven hatte keinen Hunger. Er stapfte weiter bergab, als würde ihn jemand antreiben, und mir blieb nichts anderes übrig, als auch selbst lange Schritte zu machen. Mich interessierte, ob er gewusst hatte, dass Wasser im Pool war, aber ich wollte ihn nicht in diese Situation zurückversetzen, und dachte mir, dass er das sicher gewusst hat und dass der Sprung nur Show war.

Als er den Schritt ein wenig verlangsamte, versuchte ich mehrere Male ein Gespräch anzufangen, aber es war offensichtlich, dass ihm nicht danach war, und so ging ich wortlos neben ihm her bis ganz zum Hauptbahnhof. Ich spähte in die noch immer erleuchteten Fenster und sah die Menschen, die sich für einen weiteren Tag vorbereiteten, und dann kehrte ich zu unseren Geschichten zurück. Ich versuchte mich an jede einzelne zu erinnern, die wir gehört hatten, und die Essenz aus ihnen herauszufiltern. Um sie nicht zu vergessen, bevor ich sie aufschreiben konnte. Aber das war gar nicht so einfach, denn in diesen zehn Stunden, angetrieben durch Svens Präparate und die eigenen Dämonen, hatten wir alles Mögliche ausgeplaudert.

So sehr gingen mir diese Geschichten im Kopf herum, dass ich ganz überrascht war, als wir nach der Unterführung an der Bushaltestelle herauskamen. Gerade fuhr ein Bus nach Dugave, und ich lief los, und Sven, wie aus Gewohnheit, rannte hinter mir her. – Du kannst bei mir schlafen – sagte ich, als wir den Handgriff hinter der Fahrerkabine zu fassen bekamen – und morgen, wenn du wieder fit bist, gemächlich nach Ljubljana. – Er nickte und sah weiter aus dem Fenster, und ich griff nach dem Handy, um nachzusehen, ob eine SMS eingegangen war. Ob sie den Schlüssel gesehen und ob er etwas in ihr ausgelöst hatte, das wollte ich wissen.

Im Bus gab es haufenweise kaputte Typen, die vom nächtlichen Ausritt zurückkehrten. Plötzlich zog ein Lärm aus dem hinteren Teil des Busses meine Aufmerksamkeit auf sich. Sieben, acht junge Männer sangen Fan-Lieder und gingen allen ringsum auf die Nerven. Ich ließ meinen Blick über die Fahrgäste im Bus wandern und bemerkte, wie sich alle bemühten, in ihren Sitzen unsichtbar zu werden, damit sie nicht auffallen und die Hooligans sie sich herauspicken. Die meisten starrten auf ihre Handys und taten so, als wären sie sich der Vorgänge um sie herum nicht bewusst, aber die Kerle gingen von einem zum anderen und beleidigten sie der Reihe nach. Auch Sven hatte bemerkt, was vor sich ging. Er sah zu den Schlägertypen und zischte: – Ich werde sie zur Hölle schicken, sollen sie nur kommen! – Ich sagte, er solle sich beruhigen: – Sie sind betrunken und aggressiv, provozier sie nicht.

Aber sie hatten jetzt irgendwo in der Mitte des Busses haltgemacht, wo sie jemanden aus ihrer Truppe erkannt hatten. Die Leute entspannten sich langsam und setzten ihre Unterhaltungen fort, und dann kam aus dem Radio, einem kleinen tragbaren, das der Fahrer an die Stange mit dem Fahrkartenlocher gehängt hatte, ein Lied von Azra, *Nešto kao flash*. Als wäre es genau für einen solchen Morgen geschrieben, deshalb hatte der Radiomensch es wohl auch aufgelegt. Aber da begann einer dieser kahlgeschorenen Burschen den Fahrer anzubrüllen: – Was lässt du diesen Tschetnik laufen, mach das aus, du Arsch! – Aber da der Fahrer weit weg war und ihn vielleicht nicht gehört hatte, oder so getan hatte, als hörte er ihn nicht, kam er laut fluchend nach vorn. – Ich fick dir deine Mutter! – schrie er, während er sich durch die Leute drängte und sich den Weg zum Fahrer bahnte. Als er an uns vorbeikam und auf den Fahrer losgehen wollte, beugte sich Sven vor, packte ihn am Arm und zog ihn zurück. Der Typ drehte sich überrascht zu ihm um. Er stand da und sah ihn ungläubig an, mit weit offenen Augen, bis er schließlich durch die Zähne zischte: – Was willst du Motherfucker denn?

– Hast du schon mal Azra gehört? – fragte ihn Sven, als säßen sie irgendwo ruhig bei einem Kaffee, und er, verwirrt durch die Tatsache, dass es überhaupt jemand wagte, ihn anzureden, antwortete: – Ja, habe ich, ich kenn alle seine Sachen auswendig.

– Was für einen Scheiß redest du dann?

– Weißt du überhaupt, was er macht. Nonstop hetzt er gegen Kroatien. He, wir haben die Schnauze voll davon – schrie er, wieder in Rage. – Das macht er nicht mehr lange, der Hurensohn. Ein paar von uns haben sich zusammengetan, und wir haben Geld gesammelt, und wir kennen einen, den bezahlen wir, dass er ihm ein für alle Mal das Maul stopft.

– Du bist ja nicht normal. Was kümmert dich, was er redet? Štulić, das sind seine Songs. Offensichtlich hast du sie mal gemocht, wenn du sie alle kennst. Dann hör zu, das ist er. Was zum Teufel kümmert dich, was er da in Holland redet? Was kümmert dich Holland? Lass den Mann in Ruhe und hör dir seine Songs an.

Der andere war ein paar Augenblicke so verdutzt, offensichtlich hatte er eine solche Reaktion in dem Bus, in dem sich alle vor Angst anschissen, nicht erwartet. Vielleicht hatte Svens Kühnheit ihm sogar etwas Respekt eingeflößt, sodass er für einen Moment zurückwich. Aber Sven hörte nicht auf.

– Einen Dreck hast du gehört – platzte er heraus. – Hättest du ihn gehört, könntest du nicht so einen Schwachsinn von dir geben. Und nicht die Leute im Bus belästigen, du Arsch. Wer Štulić gehört hat, kann nicht so ein Kretin sein.

Erst als er das gesagt hatte, begriff der Typ, welche Rolle er in dem Bus spielte, und stieß ihm die Faust in den Bauch. Sven sackte augenblicklich zusammen. Ich packte den Kahlkopf mit den Händen und versuchte ihn aufzuhalten. Ich sagte mehrmals, dass Sven betrunken sei und dass er ihn in Ruhe lassen solle, aber da kamen auch schon die anderen herzu und begannen mit den Füßen nach ihm zu treten. Mein Freund krümmte sich um die Stange zusammen und versuchte seinen Kopf mit den Händen zu schützen. Zu fünft schlugen und traten sie auf ihn ein, vor allem mit den Füßen, und ich stand daneben und musste zusehen. Einige Augenblicke konnte ich mich nicht rühren, aber dafür brüllte Sven von unten: – Schlagt zu, ihr Affenärsche. Nur immer drauf, ihr Fotzen! – Worauf sie noch heftiger auf ihn eintraten. Der Fahrer hielt an, öffnete die Türen und stieg aus dem Bus aus, und bald hatte sich ihm die Mehrzahl der Fahrgäste angeschlossen. Da sah ich Svens Tasche auf dem Boden, nahm sie und warf sie nach ihnen, aber alles, was ich erreichte, war, dass sich einer von ihnen umdrehte und auf mich losging. Aber jemand hatte offenbar die Polizei gerufen oder einen guten Einfall gehabt, jedenfalls fing er an zu rufen: – Die Polizei kommt! Die Polizei kommt! – Und die Hooligans flüchteten im Nu aus dem Bus, liefen die Straße hinunter und kreischten betrunken, offensichtlich glücklich, dass sie jemanden verprügelt hatten.

Sven lag blutend am Boden, murmelte aber immer noch schwach vor sich hin. Deutlich konnte ich sehen, wie sich seine Lippen bewegten, und das machte mich froh. Als ich mich zu ihm niederkniete, hörte ich auch, was: – Ist das schon alles, ihr Ärsche? Habt ihr nicht mehr drauf?

Aber dann war er still, und ich nahm ihn in den Arm.

Anmerkungen

S. 7: *Chimamanda Ngozi Adichie:* nigerianische Schriftstellerin (geb. 1977).

Olanna: eine der drei Hauptfiguren im Roman *Die Hälfte der Sonne* von Chimamanda Ngozi Adichie.

S. 14: *Bundek:* Parkanlage in Zagreb.

als Angelina in Sarajevo gelandet war: Angelina Jolie kam am 7.7.2012 zur Präsentation ihres Films *In the Land of Blood and Honey* nach Sarajevo.

S. 15: *Jarun:* Parkanlage in Zagreb.

S. 19: *Lovro Artuković:* kroatischer Maler (geb. 1959).

I'm Your Man: Lied und gleichnamiges Album von Leonard Cohen (1988).

S. 21: *wie sehr die kroatischen Schriftsteller von Carver beeinflusst seien:* Raymond Carver (1938–1988), US-amerikanischer Schriftsteller und Dichter.

S. 29: *Westie:* umgangssprachlich für West Highland White Terrier, eine britische Hunderasse.

S. 30: *Čaršija:* (türk.) städtischer Markt auf dem Balkan.

Xanax: Mittel gegen Angststörungen und Panikattacken.

S. 32: *Palmotićeva:* nach dem Dubrovniker Barockdichter Junije Džono Palmotić (1607–1657) benannte Straße in Zagreb.

S. 43: *Pričigin:* Zusammensetzung aus „priča", Erzählung, und „picigin", einem in Split beheimateten Ballspiel im seichten Meer; seit 2006 alljährlich in Split stattfindendes Festival des Geschichtenerzählens.

S. 47: *des Selimović-Preises:* Nach dem jugoslawischen Romancier Mehmed Meša Selimović (1910–1982) benannter bedeutendster bosnisch-herzegowinischer Literaturpreis.

Toni Kukoč: ehemaliger kroatischer Basketballspieler (geb. 1968), seinerzeit als Profi in der nordamerikanischen NBA-Liga aktiv.

Jugoplastika: Unter dem Sponsorennamen „Jugoplastika" gewann der KK Split Ende der 1980er-Jahre drei Mal den Europapokal der Landesmeister.

NBA-Spiele: Die NBA, die National Basketball Association, ist die seit 1946 bestehende Basketball-Profiliga in Nordamerika.

S. 51: *ein aus Poreč stammender Zinzare:* Zinzaren ist die südslawische Bezeichnung für die Aromunen, neben den Dakorumänen, Meglenorumänen und Istrorumänen eine der vier balkanromanischen Ethnien.

Shiptar: auch Šiptar; im Kroatischen zumeist abfällig gemeinte Bezeichnung für Albaner.

S. 53: *Demeter und Gavella:* Dimitrija Demeter (1811–1872), kroatischer Literat, Kritiker, Übersetzer und Theaterautor; Branko Gavella (1885–1962), kroatischer Regisseur und Theaterpädagoge.

JNA: Jugoslovenska/Jugoslavenska narodna armija; Jugoslawische Volksarmee.

S. 54: *Wlachen:* bzw. Walachen; Sammelbezeichnung für die romanischsprachigen Völker und Volksgruppen in Südosteuropa (s. Anm. zu S. 51).

Nikola Pašić: serbischer Politiker und Staatsmann (1845–1926); fünf Mal Ministerpräsident Serbiens und drei Mal Ministerpräsident des Königreichs der Serben, Kroaten und Slowenen, Gründer der Radikalen Volkspartei.

Oberst Apis: Dragutin T. Dimitrijević (1876–1917), bekannt als „Apis", serbischer Offizier und führendes Mitglied des nationalistisch-terroristischen Geheimbunds „Schwarze Hand".

S. 55: *Jovan Sterija Popović:* serbischer Dramatiker, Dichter, Anwalt, Philosoph und Pädagoge (1806–1856).

Branislav Nušić: serbischer Erzähler, Dramatiker, Satiriker und Essayist (1864–1938).

Koča Popović: jugoslawischer Politiker (1908–1992); u. a. Generalstabschef der Jugoslawischen Volksarmee, Außenminister der SFR Jugoslawien und Vizepräsident Jugoslawiens.

Pitu Guli: Revolutionär (1865–1903); militärischer Anführer im mazedonischen Ilinden-Aufstand gegen das Osmanische Reich (1903).

Runjanin: Josip Runjanin (1821–1878); kroatischer Komponist, Mitschöpfer der kroatischen Nationalhymne.

Chasaren: ursprünglich nomadisches Turkvolk, das im 7. Jahrhundert n. Chr. ein unabhängiges Khaganat am Kaspischen Meer gründete.

Krk: kroatische Insel in der Nordadria.

Frankopani: altes kroatisches Fürstengeschlecht.

Punat: Gemeinde auf der Insel Krk.

mit dem Veljotischen: Vegliotisch, eine Varietät der ausgestorbenen ostromanisch-dalmatischen Sprache auf der Insel Krk (italienischer Name: *Veglia*).

Toše Proeski: Todor „Toše" Proeski (1981–2007); mazedonischer Sänger und Songwriter zinzarischer Herkunft.

Tschitschen: istrorumänische Volksgruppe in der *Ćićarija,* einem Gebirgszug, der Istrien von Kontinentalkroatien trennt.

S. 71: *Gryttens Bienenstocklied:* Frode Grytten: *Bikubesong* (1999), dt.: *Was im Leben zählt.* Roman. Aus dem Norwegischen von Ina Kronenberger (2001).

S. 76: *Cvjetni:* volkstümlich für den Cvjetni trg („Blumenmarkt") in Zagreb.

S. 79: *DMT:* halluzinogenes Tryptamin-Alkaloid, das – geraucht, geschnupft oder injiziert – als Psychedelikum bzw. Entheogen Verwendung findet.

S. 84: *Jankomir-Brücke:* Jankomir ist ein Stadtteil im Westen von Zagreb.
Sljeme: Hausberg von Zagreb (1033 m).

S. 99: *Faithless:* britische Musikgruppe, deren Musik als Kreuzung zwischen Trip-Hop und Dance gilt.

S. 106: *Pakrac:* Stadt in Slawonien, zwischen 1991 und 1995 hart umkämpfte Frontstadt.

S. 113: *Cela:* Camilo José Cela (1916–2002); spanischer Schriftsteller, Begründer des *Tremendismo,* der sich durch ungewöhnlich realitätsnahe Schilderungen brutaler Gewalttaten auszeichnet; 1989 Nobelpreis für Literatur.

S. 114: *Tuhelj:* Tuheljske toplice, Therme in Kroatien.

S. 121: *L'Aquila:* Hauptstadt der gleichnamigen Provinz und der Region Abruzzen, am 6. April 2009 durch ein Erdbeben schwer beschädigt.

S. 123: *Plešivica:* Anhöhe im Westen Zagrebs (779 m).

S. 124: *Interliber:* Internationale Buch- und Lehrmittelmesse in Kroatien.

S. 125: *Mirogoj:* Zagreber Zentralfriedhof.

S. 127: *Borgen: Borgen – Gefährliche Seilschaften,* dänische TV-Kultserie vom Kampf um politische Macht.

S. 129: *Trsat:* Anhöhe im Osten von Rijeka mit Burganlage und Park, zugleich ältester Marien-Wallfahrtsort Kroatiens.

S. 131: *Apaurin:* Medikament zur Behandlung von Angstzuständen.
Novi list: kroatische Tageszeitung aus Rijeka, 1900 von Frano Supilo gegründet.

S. 138: *MDMA:* weltweit verbreitete Partydroge aus der Gruppe der Methylendioxyamphetamine.

3-MMC: auch Metaphedron; Designer-Droge.

Suboxone: Mittel zur Behandlung von Drogenabhängigen, die sich einer Suchtbehandlung unterziehen.

S. 143: *HDZ:* Hrvatska demokratska zajednica („Kroatische demokratische Gemeinschaft"), 1989 gegründete politische Partei in Kroatien.

S. 156: *von Sloboština nach Dugave und durch Travno, Utrine, Zaprude, Središće:* Wohngegenden im Südosten von Zagreb.

Lisinski: nach dem kroatischen Komponisten Vatroslav Lisinski (1819–1854) benanntes Konzertgebäude in Zagreb.

Trešnjevka: Stadtteil im Westen Zagrebs.

S. 162: *Kvatrić:* Kurzname für einen nach dem nationalkroatischen Politiker Eugen Kvaternik (1825–1871) benannten Platz in Zagreb.

S. 164: *Azra:* von Branimir Štulić 1977 in Zagreb gegründete jugoslawische Rockband. Ihren Namen verdankt sie Heinrich Heines Gedicht „Der Asra".

S. 165: *Tschetnik:* Sammelname für serbische Monarchisten und Nationalisten, die die Restauration des früheren jugoslawischen Königreichs, die Bildung eines Großjugoslawien und eines darin dominierenden ethnisch reinen Großserbien anstreben.

Štulić: Branimir „Johnny" Štulić (geb. 1953); jugoslawischer Musiker aus der Generation des „Novi val" (Neue Welle) und Begründer der Gruppe Azra. Lebt seit den Neunzigerjahren in den Niederlanden.

Die Drucklegung erfolgte mit freundlicher Unterstützung durch die
Abteilung für deutsche Kultur in der Südtiroler Landesregierung.

Mit freundlicher Unterstützung des Ministeriums für Kultur der
Republik Kroatien.

TransferBibliothek CLXXX

Die Originalausgabe ist 2021 unter dem Titel *Drugi zakon termodinamike* im Verlag V.B.Z.
in Zagreb erschienen.
Die der Übersetzung zugrunde liegende, aktuelle kroatische Ausgabe ist der 10. Band der
Reihe KNJIŽEVNOST I SVIJET KOJI SE MIJENJA / THE POWER OF LITERATURE
IN THE CHANGING WORLD im Verlag V.B.Z.
© 2021 Drago Glamuzina

Umschlagmotiv: © Shutterstock

Lektorat: Joe Rabl

© der deutschsprachigen Ausgabe
FOLIO Verlag Wien • Bozen 2023
Alle Rechte vorbehalten

Umschlaggestaltung und grafische Gestaltung: Dall'O & Freunde
Druckvorbereitung: Typoplus, Frangart
Printed in Europe

ISBN 978-3-85256-888-1

www.folioverlag.com

E-Book ISBN 978-3-99037-151-0